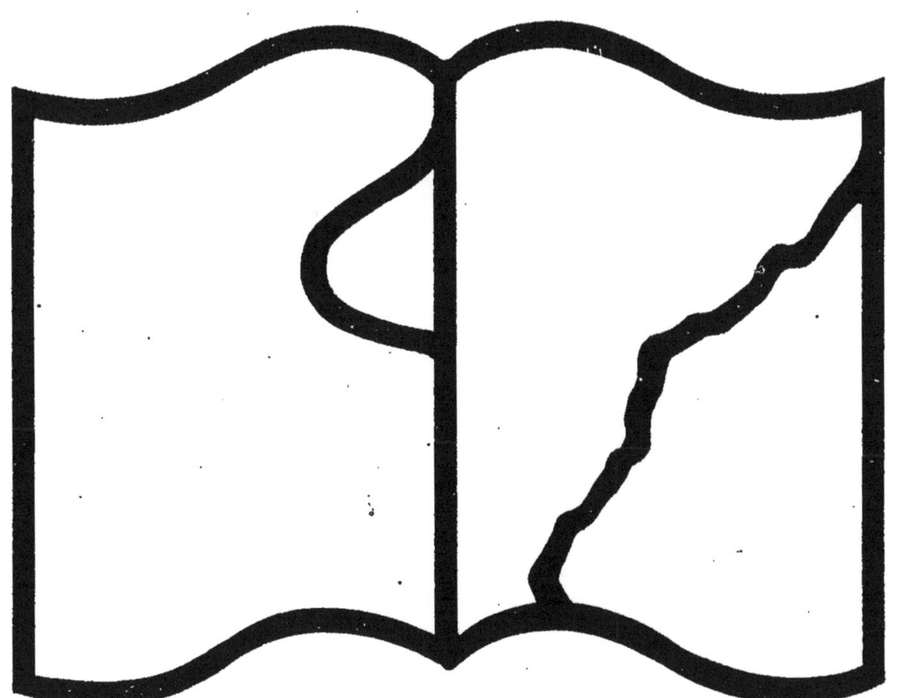

CLAIRE RICHTER

Le Monisme de Lamarck

PARIS
41, Boulevard Saint-Michel, 41

1909

Le Monisme de Lamarck

CLAIRE RICHTER

Le Monisme de Lamarck

PARIS
41, Boulevard Saint-Michel, 41

1909

INTRODUCTION

LAMARCK, DARWIN, HACKEL

Le monisme

Les monistes allemands célèbrent cette année un triple jubilé. Un siècle s'est écoulé depuis que Lamarck a publié sa « Philosophie zoologique ». La même année 1809, qui vit naître cet ouvrage immortel, donna à l'Angleterre un des plus grands de ses fils. Enfin, il y a quelques semaines, les monistes allemands ont célébré le 75e anniversaire de Häckel.

Que les monistes allemands célèbrent le 75e anniversaire de Häckel, qui s'est fait le plus ardent défenseur de la philosophie moniste, cela s'explique ; qu'ils se croient autorisés à compter Darwin parmi ceux qui ont contribué beaucoup au développement des conceptions monistes, cela n'étonnera point ceux qui connaissent un peu et le monisme et les ouvrages du naturaliste anglais, mais il n'en est pas de même, quand il s'agit de Lamarck : je ne crois pas qu'il y ait en Allemagne dix personnes qui puissent prétendre connaître le philosophe français. Si donc les monistes allemands le célèbrent tout de même, c'est que, confiant en la parole de Häckel, ils le classent parmi les nôtres.

En Allemagne on ne le connaît pas du tout, ou tout au moins pas tel qu'il est en réalité ; on le voit trop par les lunettes de Häckel. Et en France ? On commence à réparer le mal, grâce surtout aux efforts de Giard.

Mais si l'on connaît maintenant Lamarck mieux qu'autrefois, la plupart ne sauront guère quels rapports Lamarck peut avoir avec le monisme ou le monisme avec Lamarck, car connaître l'un ne signifie pas connaître l'autre.

Tandis que le mouvement moniste parcourt actuellement

l'Allemagne à pas de géant, comme, il y a quatre siècles, le mouvement réformateur, la philosophie moniste est en France comme une plante qui n'a pas assez de lumière. Il ne faut donc pas s'étonner qu'elle languisse et ne se développe pas.

Je n'ai pas la prétention de fournir à cette plante languissante la lumière qui lui manque ; j'espère seulement démontrer par ce petit travail, que nous, monistes, nous sommes en effet, jusqu'à un certain degré, autorisés à considérer Lamarck comme un prédécesseur de la philosophie moniste.

J'essayerai, dans cette introduction, de donner une idée aussi nette que possible, de ce qu'on entend sous la dénomination « philosophie moniste » en Allemagne. Je regrette d'être obligée de faire cette restriction, mais qui ne connaît le monisme que d'après les rares représentants que possède cette « philosophie compromettante » en France, ne peut pas se faire une idée de notre monisme allemand, si j'ose m'exprimer ainsi, car en France, la philosophie moniste est purement scientifique, et, pour ainsi dire, théorique, tandis qu'en Allemagne, elle a en outre un côté éminemment pratique.

Avant d'aborder cette question du monisme, qu'on me permette d'abord de caractériser succinctement les relations d'une part, entre Darwin et Lamarck, et, d'autre part, entre Häckel et le philosophe français. Si je m'arrête peut-être un peu plus longtemps qu'absolument nécessaire aux relations Lamarck-Darwin, je demande l'indulgence de mes lecteurs et je les prie d'attribuer cette liberté à mon ardent désir de contribuer de mon humble part à rendre justice à Lamarck.

Il est bien connu que Darwin — et sa correspondance le prouve avec toute évidence — a jugé les conceptions de Lamarck avec une sévérité, avec une injustice qui n'est pas très loin de celle de Cuvier. Je n'ai pas l'intention de passer en revue tous les beaux attributs que Darwin applique à l'œuvre de Lamarck. Qu'il me suffise d'attirer l'attention premièrement sur quelques passages, où Darwin a véritablement dénaturé les idées de Lamarck, et deuxièmement sur le fait que Darwin, à mesure qu'il s'approchait de la fin de sa vie, a adopté la plupart des conceptions de Lamarck, de sorte qu'on pourrait presque parler d'un lamarckisme de Darwin.

Les passages dont il s'agit en premier lieu sont ceux où Darwin a interprété avec trop de liberté, où il a exagéré d'une manière incroyable le soi-disant « vouloir-être » de Lamarck. Dans une lettre à Hooker datée de 1844, il écrit : « N'est-il pas étrange qu'un auteur tel que celui des « Animaux sans vertèbres » ait pu écrire que les insectes qui ne voient jamais leurs œufs (et les plantes leurs graines) veulent être des formes particulières de façon à s'attacher à des objets particuliers », et dans « L'origine des espèces » il dit : « Il serait absurde d'expliquer la conformation du gui et ses rapports avec plusieurs êtres organisés distincts par les seuls effets des conditions extérieures, de l'habitude ou de la volonté de la plante elle-même. »

En ce qui concerne le premier passage, je me demande en vain — et je me flatte de connaître un peu mieux que Darwin l'œuvre de Lamarck, — à quel passage de Lamarck Darwin peut faire allusion ici, et j'ose prétendre qu'un tel passage susceptible de donner à Darwin le droit d'interpréter les idées de Lamarck d'une manière si « hardie », n'existe pas. C'est vraiment dénaturer singulièrement ce « vouloir-être » que prétendre découvrir la volonté attribuée aux plantes dans l'œuvre du philosophe, alors que celui-ci ne concède même pas cette volonté aux animaux inférieurs ; selon lui, les animaux doués d'un système nerveux assez compliqué déjà pour être capables d'un jugement, d'un choix, ont seulement le privilège de cette volonté.

On se convaincra, en outre, de toute l'injustice, renfermée dans les allusions de Darwin, en lisant le passage suivant :

« Dans les végétaux, où il n'y a point d'actions, et, par conséquent, point d'habitudes proprement dites, de grands changements de circonstances n'en amènent pas moins de grandes différences dans les développements de leurs parties (1). »

Eh bien, il me semble que la volonté se manifeste par des actions, et puisqu'il n'y a pas d'actions dans les végétaux, il n'y a pas de volonté non plus.

Il n'y a aucun doute, ainsi qu'il ressort du passage cité tout à l'heure et de beaucoup d'autres, que Lamarck admet-

(1) « Philosophie zoologique », Ier volume, p. 225.

tait à l'égard des plantes comme seule cause transformatrice l'influence directe du milieu.

Quant au deuxième point, c'est-à-dire le « lamarckisme de Darwin », je ne m'attarderai pas au fait que beaucoup de contemporains de Darwin, et surtout Lyell, ont reconnu dès le commencement les analogies entre les théories des deux naturalistes-philosophes. Qu'il me suffise de citer le passage suivant de « L'ancienneté de l'homme » de Lyell : « Je présenterai quelques remarques sur les modifications récentes qu'a subies la théorie de Lamarck sur le développement progressif ou la transmutation, modifications dont l'auteur est M. Darwin. »

Vu se passage et vu le fait que Lyell ne dissimulait nullement son opinion vis-à-vis de Darwin, on ne comprend guère que Darwin, dans une lettre à Hooker, datée de 1863, ait pu écrire les mots suivants : « Sans doute, une partie du public peut être amené à croire que, comme il (Lyell) nous donne une place plus considérable qu'à Lamarck, il y a quelque chose dans nos idées. »

On se demande : Est-ce vraiment donner une place plus considérable à Darwin en considérant ses idées comme de simples modifications de celles de Lamarck ?

Si en 1859, Darwin pouvait encore prétendre, avec une certaine apparence de droit, qu'il n'avait puisé dans l'œuvre de Lamarck « ni un fait, ni une idée », cette assertion aurait été plus que hardie après la publication de ses « Variations », car c'est surtout dans cet ouvrage de Darwin que se montre le « lamarckisme de Darwin » avec le plus d'évidence.

Darwin a insisté dans cet ouvrage sur la transformation si remarquable que subissent les animaux et les plantes à l'état de domestication. Lamarck l'a fait avant lui. Qu'on lise dans le premier volume de la « Philosophie zoologique », p. 228 et suiv. et l'on se convaincra de la vérité de mon assertion. Mais, en outre, on trouve déjà chez Lamarck beaucoup des meilleurs exemples de Darwin, tels que le froment, les choux parmi les plantes cultivées, et parmi les animaux domestiques les pigeons, même le pigeon-paon, si cher à Darwin, les poules, les canards, même le parallèle entre le canard domestique et le canard sauvage, développé avec un peu plus de détails chez Darwin, les chevaux coureurs d'Angleterre et les gros chevaux de trait, les différentes races de chien, etc.

J'étais tellement habituée à attribuer toutes ces observations sur les animaux et les plantes domestiques à Darwin, que, en lisant pour la première fois ces pages de la « Philosophie zoologique », je me disais : « Tiens c'est du Darwin pur. » Heureusement Lamarck a écrit ces pages plus d'un demi-siècle avant Darwin. Il faut donc dire plutôt, en lisant le livre de Darwin : « En effet, c'est du Lamarck développé. » Si donc Darwin n'a puisé aucun fait chez Lamarck, ce n'est, certes, pas la faute de ce dernier.

A mesure que les sciences naturelles ont progressé, on a attribué une importance de plus en plus grande aux organes rudimentaires, organes que, d'après l'opinion des croyants, Dieu a créé par amour pour la symétrie, tandis que pour les transformistes ils sont des preuves de la plus haute valeur de la phylogénie d'un animal.

Darwin a insisté sur cette importance des organes rudimentaires avec beaucoup d'énergie. Mais Lamarck l'a fait avant lui. Il l'a fait pour démontrer le bien-fondé de son principe que le défaut d'usage atrophie l'organe et le fait même disparaître. Dans la « Philosophie zoologique » vol. I, p. 240 et suiv., il cite comme de tels cas d'atrophie les dents cachées dans les mâchoires du fœtus de la baleine ; il parle du fourmilier, de la taupe, du protée aux yeux très peu développés ; il cite les mollusques acéphalés dont le grand manteau rend les yeux et même la tête inutiles, les insectes qui n'ont pas d'ailes, exemples dont la plupart se trouvent également chez Darwin.

En ce qui concerne les faits que Lamarck cite pour démontrer l'influence si importante de l'emploi fréquent d'un organe, faits dont le nombre est assez considérable, cette longue liste nous fournit une des preuves que la « Philosophie zoologique » n'est pas du tout aussi pauvre de faits que Darwin voudrait le faire croire.

On a reproché très souvent à Lamarck d'avoir exagéré l'influence transformatrice des efforts de l'animal sur le développement d'un organe. Je suis loin de vouloir contester cette exagération, mais il me semble que Darwin, qui est tombé dans la même faute à l'égard de la sélection naturelle, était sûrement le moins du monde autorisé à se moquer de cette exagération. Mais, comme cela arrive si souvent, lorsqu'on trouve ses propres défauts chez un autre, on est très disposé à les blâmer.

Quant à la sélection naturelle, c'est le seul terrain, dont Darwin est vrai propriétaire. Mais si, en effet, la sélection naturelle ne se trouve nulle part chez Lamarck, il n'en est pas de même à l'égard de la lutte pour l'existence ; malgré Huxley qui prétend dans « L'origine des espèces » que Lamarck « n'avait pas la moindre idée de la lutte pour l'existence ».

Qu'il me suffise de citer ici un seul passage :

« On sait que ce sont les plus forts et les mieux armés qui mangent les plus faibles, et que les grandes espèces dévorent les plus petites (1). »

C'est ce que Huxley appelle « ne pas avoir la moindre idée de la lutte pour l'existence ». J'aurai à revenir sur ce point dans le sixième chapitre de ce travail.

Que Lamarck a même entrevu le fait que la lutte pour l'existence est la plus acharnée entre des races dont les besoins sont à peu près identiques, et qui, par conséquent, exigent presque les mêmes conditions d'existence, il se dégage du passage, où, après avoir parlé d'une race de quadrumanes en train de se transformer en une race plus humaine, le philosophe ajoute que cette race devenue dominante, doit avoir nui surtout à la grande multiplication des races « qui l'avoisinent par leurs rapports » (2).

Quant à l'analogie, démontrée par Darwin entre le procédé de la nature et notre propre procédé à l'égard des animaux et des plantes domestiques, analogie qui forme la base de sa distinction entre la sélection naturelle et la sélection artificielle, la même idée se trouve déjà chez Lamarck : « Ce que la nature fait avec beaucoup de temps, nous le fai-

(1) « Philosophie zoologique », Ier volume, p. 112.
(2) « Philosophie zoologique », Ier volume, p. 341.

sons tous les jours, en changeant nous-mêmes subitement, par rapport à un végétal vivant, les circonstances dans lesquelles lui et tous les individus de son espèce se rencontraient (1). »

Mon assertion que « le lamarckisme de Darwin » se montre avec le plus d'évidence dans les « Variations » trouve un autre appui dans le fait que Darwin consacre à chaque chapitre de cet ouvrage tout un paragraphe aux « effets de l'augmentation ou de la diminution de l'usage des membres », et qu'il ne traite dans le XXIVe chapitre que cette même question.

Ici je n'ai pas besoin de démontrer l'analogie avec Lamarck, car celui qui connaît un peu l'œuvre de ce dernier, sait avec quelle énergie il a insisté sur l'importance de ce facteur transformateur.

Darwin attribue maintenant une influence très considérable à l'action directe du milieu ; il est convaincu que « tous ces changements dans les conditions extérieures ont dû occasionner des variations (2) ».

Il adopte le principe de Lamarck de l'influence transformatrice des habitudes, corollaire de son principe d'usage, et il va même presque plus loin que celui-ci, lorsqu'il dit des porcs, soumis à la domestication qu' « il est certain qu'un aussi grand changement d'habitude doit tendre à effectuer le crâne ».

Je n'hésite donc pas à dire que cet ouvrage n'est, pour ainsi dire, qu'une grande argumentation des principes de Lamarck.

Le fait que Darwin lui-même s'est rendu compte de ce grand changement dans ses conceptions, ressort de l'édition définitive de « L'origine des espèces », où il dit dans un passage de la « Récapitulation » : « Il paraît que je n'ai pas dans les précédentes éditions de cet ouvrage attribué un rôle assez important à la fréquence et à la valeur de ces dernières formes de variations (3) en ne leur attribuant pas des modifications

(1) « Philosophie zoologique », Ier volume, p. 227.

(2) Après avoir parlé des pigeons, transportés fréquemment d'un climat sous un autre.

(3) L'usage et le défaut d'usage, l'action directe des conditions des milieux.

permanentes de conformation, indépendamment de l'action de la sélection naturelle. »

L'excuse qu'il trouve pour lui-même et qui est contenue dans une lettre à Melchior Neumayer, Vienne, 9 mai 1877, ne me semble pas bien convaincante. Il dit : « Les espèces peuvent être grandement modifiées par l'action directe du milieu. Je suis jusqu'à un certain degré excusable pour n'avoir pas insisté autrefois avec plus de force sur ce point dans mon « Origine des espèces », car la plupart des meilleurs faits ont été observés depuis sa publication. » Je le répète, cette raison d'excuse ne me semble pas bien convaincante, et même si l'on voulait l'accepter, on se sentirait sans doute tenté à demander : « Pourquoi Darwin, puisqu'il se trouve excusable à cause d'un manque de faits n'a-t-il pas trouvé la même excuse pour Lamarck ?

Et en effet, au commencement du XIXe siècle, où la biologie était encore à sa première enfance, cette excuse pourrait paraître légitime, tandis que cinquante ans plus tard, où l'on avait déjà à sa disposition — et Darwin l'a prouvé lui-même — de grandes richesses d'observation, cette excuse me semble avoir un caractère un peu équivoque.

Que Darwin a confessé l'erreur dans ses conceptions d'autrefois, on n'a qu'à se réjouir de ce fait, mais il me semble qu'en outre, si la justice, la loyauté de Darwin, tant vantées par Häckel et d'autres, étaient en effet si remarquables, il eût été de son devoir de réhabiliter le nom, l'honneur d'un homme, dont les idées, au moins en majeure partie, étaient devenues les siennes propres, de réparer son injustice d'autrefois, injustice encore plus surprenante, étant donné l'indulgence vraiment extraordinaire, avec laquelle Darwin a toujours traité — qu'on lise, pour se convanicre de la vérité de cette assertion, sa correspondance — même les plus médiocres de ses contemporains.

Réparer sa faute, réhabiliter le nom de Lamarck, qu'il avait aidé à tourner en ridicule, cet acte de justice eût été un signe de vraie grandeur. Il a préféré se taire : il a même accusé Lamarck d'avoir puisé plusieurs de ses idées dans l'œuvre de son grand-père, Erasme Darwin, opinion, partagée plus tard par le biographe de ce dernier, Krause, par Osborn dans son ouvrage « From the Greeks to Darwin » et tant d'autres, sans qu'aucun de tous ceux-ci ait pu prouver le bien-fondé de cette accusation. Accuser Lamarck d'avoir fait des emprunts chez Erasme Darwin, parce qu'il se trouve quelques analogies entre les idées des deux philosophes, autant vaudrait d'accuser Darwin lui-même d'avoir puisé dans l'œuvre de son grand-père, car on sait que la sélection sexuelle par exemple, constitue une partie assez considérable des idées de celui-ci.

Donc Darwin, loin de rendre justice à Lamarck, a préféré se taire, même après la publication des « Variations » et jouir d'une gloire, empruntée en partie à un autre ; mais ce qu'il a manqué de faire, la postérité l'a fait, et les générations futures le feront vraisemblablement encore davantage.

Qu'on ne croit pas, si j'ai pris, peut-être même un peu trop ardemment, parti pour Lamarck, que je méconnaisse les mérites de Darwin. Je suis au contraire tout à fait convaincue de l'exactitude minutieuse de ses observations et j'apprécie le travail immense, représenté par son œuvre, à sa juste valeur.

D'autre part, je ne ferme pas les yeux sur les erreurs et même les contradictions que contient l'œuvre de Lamarck. Celui-ci était d'ailleurs le dernier à se croire infaillible, ce qui ressort du passage par lequel il termine sa « Philosophie zoologique » : « Malgré les erreurs dans lesquelles j'ai pu me laisser entraîner en composant cet ouvrage, il est possible qu'il contienne des idées et des considérations qui soient utiles, d'une manière quelconque, à l'avancement de nos connaissances, jusqu'à ce que les grands sujets dont j'ai osé m'y occuper soient traités de nouveau par des hommes capables d'y répandre plus de lumière. »

Si Lamarck n'a pas trouvé l'appréciation qu'il mérite de la part du philosophe anglais, c'est un naturaliste et philosophe allemand, l'honneur de l'Allemagne actuelle, c'est Häckel, qui a reconnu les grands mérites du philosophe français à demi oublié et qui a proclamé son admiration pour la « Philosophie zoologique » dans presque tous ses ouvrages. Mais insister sur ce fait, ce serait comme le dit le proverbe « porter des hiboux à Athènes », car ce fait est assez connu, non seulement en Europe, mais aussi de l'autre côté de l'océan.

S'il peut paraître superflu de ma part d'assurer ici que je partage l'admiration de Häckel pour le génie de Lamarck, il n'en est pas de même des réserves que j'aurai à faire.

Si Häckel dans ses « Enigmes de l'univers » émet l'opinion suivante : « Lamarck n'admet *exclusivement* que les processus mécaniques, physiques et chimiques ; il ne tient pour vraies que les causes efficientes. Sa profonde « Philosophie zoologique » contient les éléments d'un système de la nature *purement* moniste, fondé sur la théorie de l'évolution », s'il parle quelque autre part, dans les « Merveilles de la vie », si je ne me trompe pas, d'un bio-monisme de Lamarck, je ne suis pas tout à fait de son avis, et il me semble que son enthousiasme va un peu trop loin.

Si je voulais adopter la manière de Häckel de considérer les conceptions de Lamarck comme purement monistes, si même je réussissais à me faire aveugle pour les « hiatus » de Lamarck, je resterai, malgré tous ces efforts, toujours fort embarrassée de son « Sublime auteur ». En effet, comment trouver dans le vaste édifice de notre monisme, l'endroit, même le plus petit coin, pour construire une petite chapelle, un petit autel à cet « Auteur de toutes choses » ?

J'aurai à revenir sur ce point dans le dernier chapitre de ce travail.

Je ne peux donc pas adopter cette opinion de Häckel que Lamarck était moniste pur-sang, car j'ai trouvé dans son œuvre, à côté de beaucoup de traces monistes, quelques autres qui portent incontestablement un caractère dualiste, et puisque d'une part, je n'ai pas la moindre intention de voiler ici le vrai caractère des idées de Lamarck, et que, d'autre part, on a cru trouver des preuves du monisme de Lamarck, où il y a en réalité des preuves évidentes de ce reste dualiste de sa philosophie, j'aurai à m'occuper au cours de ce petit ouvrage, à côté de traces véritablement monistes, de ces prétendues traces du monisme chez Lamarck qu'il faut considérer au contraire comme autant de traces dualistes.

Et maintenant quelle est donc cette philosophie moniste, qui, actuellement agite l'Allemagne comme un fort vent de printemps agite les branches d'un vieil arbre, qui, plein de sève, commence à se couvrir de mille jeunes feuilles et à pousser ses premières fleurs?

D'après plusieurs ouvrages de philosophes français, il me semble qu'en général, on considère en France le monisme comme une sorte de très vieux vêtement qui, raccommodé et rafraîchi, est donné maintenant comme neuf.

Sans doute il y a quelque vérité dans cette opinion. En effet, de tout ce que la philosophie des générations passées nous a fourni, le monisme maintient et conserve tout ce qui est compatible avec ses conceptions unitaires. Il suit par là cette vieille maxime : Examinez tout et conservez le meilleur. Les opinions des philosophes français sur le monisme allemand — je regrette d'être forcé de m'exprimer ainsi — divergent considérablement. Les uns le prennent pour un matérialisme des plus purs, les autres le considèrent comme un spinozisme, un panthéisme.

Eh bien, il faut le dire encore une fois, dans tout cela, il y a une part de vérité, mais pas toute la vérité.

M. Thouverez, dans son ouvrage sur Darwin, se prononce sur le monisme de la manière suivante : « Le monisme de Häckel est une sorte de matérialisme net et tranchant qui contracte avec l'agnosticisme de l'école anglaise ouvert sur l'infini. »

Or, que M. Thouverez croit que notre monisme, car c'est à peu près celui de Häckel, soit une sorte de matérialisme, je peux le comprendre, car cette opinion n'est pas tout à fait sans fondement, mais la fin de sa phrase me plonge dans une obscurité impénétrable. Jusqu'ici, j'ai cru que l'agnosticisme est la conception philosophique qui se résigne à cause de la prétendue impuissance de l'intelligence humaine à franchir certaines limites.

Eh bien, si ce terme a encore cette signification, je ne comprends pas ce que l'agnosticisme peut avoir à faire avec notre monisme, car, si quelquefois nous sommes obligés d'avouer : *ignoramus*, nous sommes loin d'adopter le fameux « *Ignorabimus* » d'Emile du Bois-Reymond. Au contraire, nous sommes plutôt d'accord avec Buffon, lorsqu'il dit : « L'esprit humain n'a point de bornes ; il s'étend à mesure que l'univers se déploie. L'homme peut donc et doit tout tenter. Il ne lui faut que du temps pour tout savoir. »

Dans un autre passage, M. Thouverez prétend que « le monisme matérialiste de Häckel confond dans une synthèse plus ou moins confuse les divers degrés de la création ».

Ne se pourrait-il pas que la prétendue confusion signalée par le critique n'existe qu'aux yeux de ceux qui jugent la philosophie moniste sans la connaître ?

Si M. Bergson dans son « Evolution créatrice » émet l'opinion que le monisme est un spinozisme incomplet, il a raison en ce sens que notre monisme a en effet beaucoup de traits communs avec la philosophie de Spinoza, mais il se trompe, lorsqu'il l'appelle un spinozisme incomplet ; ce n'est pas un spinozisme incomplet qu'il devrait dire, mais plutôt un spinozisme complété.

Essayons donc de démontrer ce qu'est le monisme dans le sens vaste qu'on attache à ce terme en Allemagne, et quelle est la portée exacte de cette dénomination.

Häckel dans ses « Preuves du transformisme » définit le monisme comme suit : « La théorie générale de l'évolution soutient qu'il existe dans la nature entière un grand processus évolutif, un, continu et éternel, et que tous les phénomènes de la nature, sans exception, depuis le mouvement des corps célestes et la chute d'une pierre, jusqu'à la croissance des plantes et à la conscience de l'homme, arrivent en vertu d'une seule et même loi de causalité, bref, que tout est réductible à la mécanique des atomes : Conception mécanique ou mécaniste, unitaire ou moniste ou d'un seul mot : monisme. »

Sans doute, on trouve cette conception mécanique de l'univers chez beaucoup de philosophes avant Häckel, chez les uns en germe, chez les autres développée à un assez haut degré, mais aucun d'eux n'a tiré de cette conception les dernières conséquences, ni Kant, qui dans « La critique de la raison pratique » nage dans le dualisme le plus pur, ni Laplace, qui, quoique plus conséquent que Kant, ne sortait guère dans ses méditations, du cadre des questions cosmogoniques. Si donc le mécanisme existait déjà, c'est le mérite de Häckel d'avoir construit sur cette base solide le vaste édifice de notre monisme allemand, édifice encore inachevé et qui le restera peut-être encore longtemps, mais qui cependant laisse déjà prévoir sa future beauté. C'est une de ces belles constructions modernes, avec de hautes fenêtres, par lesquelles la lumière peut entrer de toutes parts en flots abondants.

De cette conception d'une mécanique universelle, il résulte nécessairement que tout est soumis aux mêmes lois, les corps célestes comme les grains de sable que nous foulons aux pieds, la matière inorganique comme la matière vivante. L'homme lui-même ne fait pas exception à ce mécanisme universel. C'est ce que Gœthe, un des plus grands monistes, a prononcé dans le « Dieu et le monde ».

« D'après d'immortelles, de grandes
Lois d'airain,
Nous devons tous
Accomplir le cercle
De notre existence. »

Comme la première de ces lois éternelles, comme la loi cosmologique fondamentale, nous considérons la loi de la conservation de la substance, loi dans laquelle Häckel a réuni la loi de Lavoisier de la constance de la matière, et celle de Robert Mayer et Helmholtz de la permanence de l'énergie. Nous considérons donc la substance, la matière-énergie, comme la base de tout ce qui existe; hors de la substance, il n'y a rien.

C'est donc avec un certain droit qu'on a appelé notre monisme une sorte de matérialisme. Mais on sait que ce terme renferme beaucoup d'équivoque. C'est une expression à deux figures, car, outre sa signification théorique et purement scientifique, on lui en attribue encore une autre pratique, éthique. Ce dernier matérialisme est cette conception de vie qui aboutit au fameux principe : Mangeons, buvons et jouissons de la vie, car demain nous serons peut-être morts. Eh bien, ce matérialisme pratique n'a rien de commun avec notre éthique moniste, et c'est cette équivoque du terme qui nous fait protester contre l'application de cette dénomination à notre philosophie moniste.

Häckel attribue à la substance la sensibilité. Dans ses « Merveilles de la vie » il formule ce qu'il appelle la « trinité de la substance » :

Pas de matière dépourvue d'énergie et de sensibilité ; pas d'énergie sans matière et sensibilité ; pas de sensibilité sans matière ni sans énergie !

Il va sans dire que Häckel prend ici le mot sensibilité dans son sens le plus vaste, c'est-à-dire comme propriété de la matière de réagir d'une manière quelconque à un excitant.

Pris dans ce sens, on peut bien admettre sa « trinité de la substance ». Mais il me semble que c'est abuser un peu du terme sensibilité. A mon avis, il faudrait créer un nouveau terme pour désigner cette propriété d'excitabilité commune à toute la matière.

Il ne faut donc pas croire que cette « trinité » de Häckel est admise par tous les monistes. D'autre part, il n'est pas étonnant que certains disciples de Häckel se soient emparés de cette sensibilité universelle, et c'est ainsi qu'est née l'âme des atomes.

De là le soi-disant psycho-monisme de Verworn, Avenarius, Mach, Wille. De là, les égarements, très poétiques d'ailleurs, de beaucoup d'entre eux, égarements qui se révèlent par exemple, à la lecture d'un « roman » de Bruno Wille : « Révélations du genévrier », où l'imagination trop vive de l'auteur l'enlève quelquefois dans des régions, où il n'est pas toujours très facile à suivre.

Dans cet ouvrage tout devient âme, les nuages, la poussière, etc. L'auteur parle même de l'âme d'un paysage, et c'est chez lui plus qu'une métaphore.

Je le répète, il y a là beaucoup de poésie, mais vouloir juger d'après ce psycho-monisme unilatéral, égaré dans les nuages, le mouvement moniste en Allemagne, me semblerait un procédé pareil à celui de juger, par exemple, le peuple anglais d'après quelques voyageurs anglais suspects d'extravagance.

M. Bergson écrit dans son « Evolution créatrice » : « On aboutit ainsi tantôt....., tantôt à un « monisme » qui éparpille la conscience en autant de petits grains qu'il y a d'atomes. » Ayant lu cette phrase, je ne m'étonnai plus que des Français aient considéré « cette conscience éparpillée « comme le caractère essentiel et distinctif de la philosophie moniste. C'est pourquoi j'insiste sur ce point, et je ne saurais trop l'affirmer : La plupart des monistes regardent cette conception unilatérale du monisme comme une restriction volontaire de ses adeptes susceptibles de les égarer de plus en plus.

Quant au terme psycho-monisme, qu'on me permette, pour parler comme Lamarck, une petite « digression utile ». Il me semble que toutes ces expressions de cosmo, géo, bio et psycho-monisme, renferment un certain danger. Le grand public qui lit ces termes, et qui ne connaît la philosophie moniste que très superficiellement, n'est que trop aisément disposé à considérer ces cosmo, géo, bio, psycho-monismes comme autant de genres de la philosophie moniste, tandis que ce sont, à la vérité, divers côtés du même et unique monisme.

Au lieu de former tant de nouveaux termes qui donnent l'idée d'une indépendance plus ou moins complète, ne serait-il pas mieux d'éviter cette apparence autant que possible, apparence, qui trompe les lecteurs oublieux de toutes ces finesses, de toutes ces subtilités, qui peuvent exister en matière philosophique. Cet écueil serait très facile à éviter si l'on voulait s'accoutumer à employer tout simplement, pour désigner le côté du monisme qu'on veut mettre en évidence, l'attribut correspondant. De cette manière on parviendrait à conserver au monisme avec plus de pureté son trait le plus essentiel, son caractère unitaire.

De la conception moniste que partout, où il y a de la matière, il y a aussi de l'énergie, ou, autrement dit, de l'esprit, il résulte que pour les monistes, la distinction entre un matérialisme et un spiritualisme est absolument artificielle. Si l'on considère donc la philosophie moniste comme une manière de matérialisme, on pourrait l'appeler avec autant de raison une sorte de spiritualisme, car, avec Gœthe nous disons : « La matière sans l'esprit, l'esprit sans la matière ne sauraient ni exister, ni agir. »

Par là nous nous rapprochons du panthéisme moniste de Giordano Bruno, qui était convaincu qu' « un esprit se trouve dans toutes les choses et qu'il n'y a pas de corps si petit qui ne contienne en soi une parcelle de la substance divine, par laquelle il est animé ».

Nous nous rapprochons par là encore du panthéisme de Spinoza, qui n'est, pour parler avec Schopenhauer qu' « un athéisme poli ».

Il est inutile de dire que le monisme rejette, aussi énergiquement que Spinoza, la doctrine des causes finales et qu'il n'admet que des causes efficientes. Donc notre monisme n'est ni un matérialisme, ni un spiritualisme, car il les renferme tous les deux ; il n'est ni le panthéisme de Giordano Bruno, ni le panthéisme de Spinoza, car il est plus étendu que ces différentes doctrines.

De la loi suprême de la conservation de la substance découlent d'autres lois, des lois, pour ainsi idre, secondaires, subordonnées à la première, des lois, toujours en étroite connexion et jamais en contradiction avec elle.

De la loi de la permanence de l'énergie résulte la grande loi de l'évolution, loi que l'on pourrait appeler complémentaire de la loi de la substance. Elle se manifeste dans tout l'univers depuis la formation d'un système solaire jusqu'à celle d'un cristal, depuis l'organisation d'un brin d'herbe jusqu'à celle d'un cerveau humain. Son étroite liaison avec la loi de la constance de l'énergie a été reconnue par tous les grands évolutionnistes. Spencer, par exemple, dit dans sa « Biologie » : « La persistance de la force est la dernière cause de toute l'évolution. » Par la fixation de la grande loi de l'évolution qui s'applique à l'inorganique aussi bien qu'à l'organique, la ligne de démarcation entre la matière vivante et la matière brute va s'effaçant de plus en plus.

Tandis qu'autrefois on s'efforçait d'ériger des barrières entre l'organique et l'inorganique, aujourd'hui se manifeste la tendance contraire : on cherche à démontrer ce que ces deux sortes de matière ont de commun. On s'est convaincu qu'il n'existe pas de lois, de forces particulières à la matière vivante. Le vieux spectre d'une force vitale ne hante plus que les croyants et les cerveaux d'un certain cercle de philosophes qui, peut-être par retour partiel à la mentalité de leurs ancêtres, l'ont fait revivre de nouveau.

Et ce pauvre Ahasver, épuisé au dernier degré d'une existence trop longue et sans utilité pour l'humanité, recommence à errer. Mais dans l'édifice de notre monisme, il n'y a pas de place pour des êtres aussi équivoques que ce vieillard affaibli. C'est dans la sombre cathédrale du dualisme qu'on voit encore surgir son ombre errante. Qu'il trouve enfin le repos éternel !

Nous monistes n'avons pas besoin de recourir à une force mystérieuse pour expliquer les phénomènes vitaux, même les plus compliqués qui se manifestent dans le cerveau humain. Les forces physico-chimiques, qui, en dernière analyse, ne sont que du mouvement diversement transformé, nous suffisent pour leur explication.

Et quant à l'origine de la vie sur notre planète, les manifestations si variées de ces mêmes forces naturelles nous autorisent à admettre l'évolution de la matière organique de la matière inorganique.Nous adoptons donc l'archigonie comme une hypothèse nécessaire, indispensable.

La loi de l'évolution sert de base à la doctrine de la descendance, du transformisme. On applique cette doctrine principalement à la matière vivante.

Ici, comme ailleurs, s'est manifestée cette tendance humaine, à classer les différents corps par catégories, à tirer des lignes de démarcation, à séparer, à creuser des abîmes, où il n'y a, en réalité, que des transitions graduelles.

De là l'ancienne conception dualiste d'une séparation tranchée entre le règne végétal et le règne animal.

C'est un des mérites de Darwin et celui de Claude Bernard d'avoir, le premier par ses quatre ouvrages botaniques, le dernier par ses « Leçons sur les phénomènes de la vie communs aux animaux et plantes », contribué pour beaucoup à effacer cette ligne de démarcation artificielle, tirée autrefois entre les deux règnes avec autant d'ignorance que d'arbitraire.

Cette fois, pour établir l'unité de la matière vivante, la philosophie moniste n'a pas besoin d'une hypothèse. L'existence de ces micro-organismes, de ces protozoaires, qui semblent, pour m'exprimer dans le langage anthropomorphique, hésiter entre le végétal et l'animal, est trop bien prouvée pour que quelqu'un ose encore contester ce fait.

C'est un autre fait incontestable que, à l'intérieur de chacun des deux règnes, on constate presque partout des transitions graduelles, et quant aux lacunes qui existent encore çà et là, les progrès de la paléontologie nous permettent d'espérer que tôt ou tard elles se combleront.

La philosophie moniste est donc évolutionniste-transformiste. C'est pourquoi le mot « création » ne fait pas partie du langage moniste. Les phénomènes qui peuvent être considérés par un observateur superficiel comme de véritables créations, ne sont que les transformations multiples de la substance universelle, transformations, qui, malgré leur diversité prodigieuse, ne permettent pas de méconnaître l'unité du tout.

Jusqu'ici, nous avons considéré seulement le point de vue scientifique, théorique du monisme, mais il a en outre, comme je l'ai déjà dit plus haut, un côté éminemment pratique, et c'est précisément ce côté dont on ne peut exagérer la très haute importance.

Notre monisme — je parle en particulier du monisme tel qu'il se manifeste actuellement en Allemagne — ne fait de concessions, ni à l'Etat, ni à l'Eglise. Il tire les dernières conséquences de ses conceptions sans se demander si les conclusions auxquelles il aboutit, sont en contradiction avec des idées chéries, enracinées dans l'humanité depuis tant de siècles.

Tirer les dernières conséquences d'une conception philosophique, ce n'est pas toujours chose simple. Giordano Bruno l'a éprouvé et tant d'autres.

Heureusement le temps, où l'on brûlait les hérétiques, est passé ; mais il y a aujourd'hui d'autres buchers, des buchers moraux, où l'on brûle l'honneur des hérétiques modernes. Il n'y a pas longtemps qu'on a essayé d'ériger un tel bucher à l'honneur scientifique de Häckel avec la pieuse intention, non seulement de détruire les fruits d'une longue et laborieuse vie, mais en outre de saper les bases du progrès moniste.

Si le fameux « Keplerbund », association, fondée il y a quelques années pour sauvegarder l'avenir de l'Eglise, n'a pas réussi dans cette tentative, c'est parce qu'il trouva son contrepoids dans le « Monistenbund », qui avec une ardeur infatigable, travaille à la propagation du mouvement moniste.

Et pourquoi donc cet ardent combat ? Simplement, parce que les monistes osent prononcer ce que tant d'autres pensent sans le dire. Reconnaître une vérité, c'est déjà assez grave, mais la proclamer, c'est le comble de la témérité.

On accuse les monistes d'un triple crime. Ils osent nier l'existence de dieu, l'immortalité de l'âme et le libre arbitre.

Si dans un petit ouvrage « Le monisme comme lien entre la science et la religion » Häckel a fait la tentative de concilier la science avec la religion, cela ne veut pas dire grand'-chose, car pour Häckel, dieu signifie « l'idée personnifiée du vrai, le génie du bien » ou « la loi universelle de causalité, la nécessité ».

Il faut l'avouer, il ne me paraît nullement nécessaire d'employer le terme « dieu » pour désigner par cette appellation quelque chose qu'on n'est pas du tout habitué à chercher sous ce déguisement. Il me semble même que Häckel, en faisant cette tentative, a causé préjudice au monisme, surtout à l'étranger, où il y a en général peu de personnes qui ont lu ses grands ouvrages, qui contiennent le vrai noyau de sa philosophie, mais je sais que, en France, par exemple, relativement beaucoup ont lu cette petite brochure et — cela ne m'étonne pas trop — l'ont mal comprise.

On ne peut pas, à mon avis, changer d'un seul coup le sens d'un mot, surtout si ce mot est enraciné dans la conscience des peuples comme le terme « dieu ».

Il va sans dire que, malgré cette tentative, le dieu anthropomorphe du christianisme est pour Häckel, de même que pour tout autre moniste, un simple résultat de l'imagination humaine. S'il n'avait pas affirmé mille fois cette conviction, la haine du clergé allemand, tant catholique que protestant, l'établirait suffisamment.

Outre l'existence de dieu, le monisme nie l'immortalité de l'âme, cet autre sanctuaire, si cher aux croyants. Pour une philosophie qui ne voit dans les phénomènes psychiques que les résultats des mouvements physico-chimiques de notre cerveau, cette question de l'immortalité de l'âme ne se pose même pas. C'est seulement à cause de l'importance de cette question dans les dogmes chrétiens que le monisme a été forcé de se prononcer à cet égard.

Enfin, comme troisième conséquence découlant nécessairement de la conception mécanique de l'univers, le monisme nie le libre arbitre. Comment comprendre en effet que, parmi tous les corps de l'univers, dont chaque mouvement est déterminé par un mouvement précédent, l'homme seul soit privilégié et puisse se décider d'une manière absolument libre, indépendamment de tout ce qui a précédé sa décision dans l'intimité de son corps, ou autour de lui.

Eh bien, tout le monde sait que le libre arbitre et la responsabilité qui en découle, sont des dogmes dualistes, non moins chers à beaucoup de gens que la soi-disant meilleure vie dans l'au-delà, et déclarer que cette prétendue liberté absolue dans nos actions n'est qu'une apparence trompeuse, qu'une illusion, ce n'est pas seulement un péché mortel aux yeux des croyants, mais cela déplaît presque autant au gouvernement, à certains éducateurs, aux juristes.

La philosophie moniste aboutit donc inévitablement, d'une part à un athéisme pur, d'autre part à un déterminisme absolu. Mais en ce qui concerne le premier, j'espère bien qu'il n'aura pas besoin d'être un athéisme poli. Je pense au contraire que, si le monisme est ce que nous voyons en lui, c'est-à-dire une conception de l'univers qui, parmi tous les systèmes philosophiques établis jusqu'ici, se rapproche le plus de la vérité, il n'a pas besoin de faire des concessions. Faire des concessions en matière philosophique n'est-ce pas toujours un signe, et peut-être même le plus sûr, de la pauvreté, de l'insuffisance d'une doctrine ?

On fait souvent au monisme le reproche que, satisfaisant largement aux besoins de notre intelligence, de notre raison, il appauvrit cependant le « Gemüt », terme allemand, à mon grand regret intraduisible, ce que d'ailleurs a déjà reconnu Camille Bos, le traducteur des « Enigmes ». Mais ne pouvant pas le traduire, essayons au moins de le définir.

Il me semble que le « Gemüt » allemand, c'est l'ensemble de tous les sentiments bons et tendres. Dire à une femme allemande qu'elle n'a pas de Gemüt, c'est une des plus grandes offenses qu'on puisse lui faire.

On a donc prétendu que le « Gemüt » ne pourrait pas trouver dans la philosophie moniste la nourriture qu'il lui faut. Or, je me demande en vain sur quoi on fonde une telle assertion. Au contraire, le monisme, par la haute importance qu'il attache à l'étude de la nature, par sa conception que nous sommes tous, hommes, animaux, plantes, les enfants d'une seule et même mère, enfants du soleil, qui, envoyant la lumière et la chaleur sur la terre, est le véritable agent de tout ce qui vit, le monisme, dis-je, peut-être plus que le christianisme, avec son dédain pour tout ce qui n'est pas homme, est propre à développer cette plante si délicate qu'on appelle « Gemüt » en Allemagne.

Ce reproche que la philosophie moniste soit trop froide, trop aride, trop rationnelle, peut déjà paraître assez grave, surtout au point de vue de la sentimentalité allemande, il n'est cependant ni le seul, ni le plus grave qu'on fasse au monisme.

Les dualistes prétendent en effet que, pour les monistes il n'y a plus de morale. Pour répondre à cette assertion, il faudrait avant tout savoir ce que les dualistes appellent morale. Si ce terme signifie pour eux l'ensemble de toutes ces prescriptions minutieuses, enfermées dans les doctrines de l'Eglise, ils ont raison ; cette morale n'existe plus pour un moniste. Mais si, au contraire, on prend ce mot dans un sens moins restreint, dans son vrai sens, c'est-à-dire comme l'ensemble des principes propres à régler notre vie sociale, la morale joue même un rôle très important dans la vie des monistes.

L'éthique du monisme est très simple. Elle se concentre dans la maxime : Ce que tu veux qu'autrui te fasse, fais-le lui aussi, principe qu'on considère généralement comme essentiellement chrétien, mais dont la quintessence se trouve dans presque toutes les religions tant avant qu'après la fixation de la doctrine chrétienne, principe, d'après lequel même les animaux, qui vivent en société, règlent leur manière d'agir vis-à-vis des autres individus de la même troupe.

Une des raisons principales qui porte le chrétien à faire le bien, me semble être son espérance d'être récompensé pour ses bienfaits dans une autre vie. Si le moniste fait le « bien » et évite le « mal », il se fonde sur une raison moins imaginaire, il le fait parce qu'il désire vivre en bonnes relations avec ses semblables ; il estime que le fait d'être aimé est plus agréable que d'être haï ; il espère que le bien fait aux autres, lui sera rendu par ceux-ci.

Tout cela, je le répète, est fort simple ; c'est un contrat social essentiellement primitif ; et cependant il me semble que la vie d'un moniste, qui règle son activité sociale d'après cette seule maxime : Fais aux autres ce que tu veux que les autres te fassent, et qui sait subordonner son propre intérêt à celui de l'humanité, puisse être aussi morale que celle d'un chrétien qui suit minutieusement toutes les prescriptions de l'Eglise.

Le moniste, en se regardant humblement comme le dernier rejeton de l'immense arbre généalogique, est exempt de cette folie de grandeur dualiste qui place l'homme au centre de tout ce qui existe, en fait le but suprême de la nature, l'être incomparable pour lequel tous les autres sont faits.

Cette conviction qu'il n'occupe pas du tout une situation exceptionnelle dans la nature, lui enseigne la sollicitude qu'il doit aux autres animaux, placés plus bas dans l'échelle animale, la compassion, non seulement pour les souffrances de sa propre espèce, mais pour celles de ses autres frères qui, le plus souvent souffrent sans pouvoir se plaindre.

Le moniste aime le bien, il l'aime comme un autre côté du vrai, il l'aime comme le beau qui l'attire irrésistiblement, grâce à une longue évolution esthétique de ses ancêtres.

L'amour du vrai, du bien et du beau : voilà la trinité moniste, exempte de tout mystère et clair comme un beau jour de printemps.

On pourrait se demander : Est-ce que la philosophie moniste pourrait être propre à devenir la philosophie du peuple ? Il y a des monistes qui le prétendent. Quant à moi, je pense que, si cette prévision est en effet réalisable, elle ne peut l'être que dans un avenir assez lointain.

Aujourd'hui que pourrait être le monisme, cette philosophie des sains, des forts, pour tous les faibles, les malades, les malheureux, pour toute la légion des « déshérités de la vie », dont le nombre immense et — s'il faut croire aux statistiques — toujours augmentant, effraye les sociologues.

Je crois bien qu'il faut attribuer en partie la responsabilité de cet état déplorable, où se trouve actuellement l'humanité, à la fausse exagération de la compassion par l'Eglise chrétienne.

Le monisme voudrait que, au lieu de construire tous les jours de nouvelles maisons pour tous ces tristes parasites de l'humanité, les idiots, les crétins, les incurables, tels que les aliénés au dernier stade, on trouvât les moyens convenables pour se libérer de ce fardeau déjà trop lourd et qui, d'après les statistiques, le devient de plus en plus.

Non seulement ce fardeau absorbe une grande partie des meilleures forces de l'humanité, sans que le travail immense, effectué par ces forces, soit d'une utilité réelle pour le progrès de notre espèce, mais encore il s'oppose comme un véritable obstacle à la réalisation du désir moniste d'assurer aux générations futures une existence plus heureuse. Il nous faudrait peut-être un second Lycurgue, pour résoudre ce problème : comment, au lieu d'entraver l'action de la sélection naturelle, pourrait-on au contraire lui venir en aide. En attendant l'apparition de ce vrai sauveur de l'humanité, le monisme s'efforce d'apporter sa contribution à la solution du problème.

Comme moyen le plus sûr de faire progresser l'humanité et de la conduire vers un degré plus élevé de sa culture corporelle et intellectuelle, il préconise l'amélioration de l'éducation du peuple. Si une partie considérable de la force humaine n'était pas absorbée aujourd'hui par les soins qu'on donne en surabondance aux débiles de l'humanité, on pourrait utiliser cette partie de l'intelligence humaine à donner des secours à ceux qui, plus tard, pourraient rendre les mêmes services à la génération suivante. Et pour reconnaître aussi vite que possible ceux qui méritent cet appui, il nous faudrait une sorte de sélection artificielle, opérée par les futurs éducateurs du peuple, éducateurs qui, par une culture intellectuelle, basée sur la philosophie moniste, seraient plus aptes que ne le sont les éducateurs d'aujourd'hui, pour opérer ce triage. De cette manière « en faisant pénétrer les idées si fécondes du transformisme et la conception purement mécanique de la nature dans les cerveaux des futurs éducateurs de la jeunesse, on prépare de la façon la plus sûre et la plus solide une forte génération débarrassée des superstitions du passé (1) ». Malheureusement ce beau rêve est encore loin de sa réalisation, et l'éducation souffre actuellement, surtout en Allemagne, de sa dépendance avec l'Eglise. Aussi longtemps qu'on permettra à ce dualisme entre l'enseignement des sciences naturelles et celui des dogmes chrétiens d'établir la plus grande confusion dans les jeunes intelligences, il ne faut pas s'étonner des fruits produits par cette éducation.

Comment attendre d'une jeunesse qu'on a élevée à l'aide d'un tissu inextricable de mensonges qu'on a accoutumée pendant les années, où l'impressionnabilité est la plus grande, à mentir, à dissimuler, à cacher ses pensées et ses sentiments les plus naturels, comment attendre d'une telle jeunesse qu'elle aime la vérité ?

Il faudrait se tenir à la parole de Lamarck : « Hors de la nature, tout n'est qu'égarement et mensonge (2) », pour arriver à une éducation exempte de toutes ces équivoques, produites par le système actuel, éducation susceptible d'implanter dans la jeunesse l'amour de la vérité dès la plus tendre enfance. Mais ce but,, on ne l'atteindra pas par des mots creux et vides de sens, mais par un bon exemple, qui restera toujours le meilleur éducateur.

En résumé : La philosophie moniste à base mécanique considère tout l'univers comme une unité, où règnent partout

(1) Giard : Controverses transformistes.
(2) « Philosophie zoologique », IIe volume, p. 3.

et toujours les mêmes lois éternelles, subordonnées à la loi suprême de la permanence de la substance, où tous les phénomènes, sans exception, sont les produits des forces naturelles, des forces physico-chimiques.

Partout, où la conception dualiste de l'univers voit des abîmes infranchissables, des lignes de démarcation tranchées, le monisme ne constate que des transitions graduelles, des différences de degré : il est évolutionniste et transformiste.

Comme triple conséquence de sa conception mécanique de l'univers, il nie l'existence de dieu, l'immortalité de l'âme et le libre arbitre.

Comme le moyen le plus sûr de conduire l'humanité vers un avenir plus heureux, il considère une meilleure éducation du peuple, basée sur l'étude de la nature, qui fait naître l'amour de la vérité.

L'éthique moniste se réduit à deux principes, l'un très vieux : Ce que tu veux qu'autrui te fasse, fais-le-lui aussi, l'autre plus moderne : Si la nécessité l'exige, sache subordonner ton propre intérêt au salut de l'humanité.

Si nous croyons que la philosophie moniste se rapproche de la vérité plus qu'aucune autre philosophie, nous sommes cependant loin de prétendre que nous possédons la vérité absolue.

Nous partageons plutôt, l'opinion de Büchner qui dit : « La dernière énigme de l'univers ne sera certes pas résolue par les libres esprits de la philosophie moniste à venir. Mais ils ne se contenteront plus de prendre l'apparence pour la réalité, et l'illusion pour la vérité. La grande loi de l'évolution prendra la place de l'hypothèse de la création, la croyance à un ordre naturel du monde la place des miracles, la vive et gaie réalité celle de la phrase et de l'imagination, le monisme, conforme à la nature, celle du faux dualisme, l'idéal positif (pratique), celle du fol idéal (théorique). »

Voyons donc maintenant, si dans l'œuvre de Lamarck, il se trouve des traces de cette philosophie moniste, esquissée dans les pages précédentes.

A côté de ces véritables traces monistes, j'aurai, comme je l'ai déjà dit plus haut, à m'occuper de quelques prétendues traces monistes que l'on crut d'y constater.

Je traiterai dans le premier chapitre le noyau mécanique de la philosophie de Lamarck, dans le deuxième ses conceptions en géologie, dans le troisième l'origine de la vie, dans le quatrième des parallèles entre les végétaux et les animaux, dans le cinquième l'unité du règne animal, dans le sixième l'homme, et dans le septième les dernières conséquences de sa philosophie, et enfin dans une conclusion très succincte je résumerai les principaux résultats auxquels m'a conduite l'étude de l'œuvre de Lamarck.

CHAPITRE PREMIER

La base mécanique-moniste de la philosophie de Lamarck

Le noyau, la quintessence de la philosophie moniste est sa conception mécanique de l'univers. Est-ce que ce caractère fondamental du monisme se trouve également dans la philosophie de Lamarck? C'est ce que j'espère établir dans ce premier chapitre.

Les passages dans les ouvrages de Lamarck qui montrent ce caractère mécanique de sa philosophie sont très nombreux, mais puisque la plupart d'entre eux traitent des cas spéciaux de la mécanique universelle, je me contenterai ici d'en citer quelques-uns, qui me paraissent les plus frappants et qui traitent cette question d'une manière plus générale.

Ce caractère universel du mécanisme de Lamarck ressort avec toute évidence du passage suivant:

« C'est donc un fait évident, incontestable, qu'il n'existe « nulle part dans le monde physique de repos absolu, d'ab- « sence du mouvement, de masse véritablement immutable, « inaltérable, et dont la stabilité soit parfaite et sans terme, « au lieu d'être relative, comme l'est celle de tous les corps « quels qu'ils soient (1). »

Donc, le mouvement partout, et le repos absolu nulle part.

Lamarck, avec sa forte tendance à formuler l'essence de ses conceptions en lois, en principes, n'a pu s'empêcher d'agir de même, à l'égard de sa conception mécanique.

Voici ce principe mécanique :

« Tout mouvement ou changement, toute force agissante, « et tout effet quelconque, observés dans un corps, tiennent

(1) « Système analytique des connaissanses positives de l'homme! », p. 31.

« nécessairement à des causes mécaniques, régies par des « lois (1). »

Le caractère universel de ce principe est trop évident pour que j'aie besoin d'y insister.

En ce qui concerne la mécanique céleste, les passages qui traitent cette question sont excessivement rares chez Lamarck et même se perdent tellement dans son œuvre, qu'il faut les chercher avec la loupe, et quand il rencontre, presque malgré lui, une question cosmologique, il ne fait que l'effleurer en passant.

Le passage suivant :

« Or, au lieu d'employer cette connaissance (2) à former « des hypothèses sur l'univers, je vais me restreindre à « considérer les faits qui en résultent dans le globe que nous « habitons (3). »

Prouve que toutes ces questions cosmologiques et cosmogoniques ne peuvent pas avoir exercé une attraction très grande sur lui.

Mais, malgré cela. ces rares considérations qui effleurent la question ne laissent pas de doute que Lamarck a partagé la conception moniste de l'unité mécanique du Cosmos infini. Le passage suivant le prouve encore. Il dit :

« Le mouvement, répandu partout, et ses forces agissan« tes (4), ne sont probablement nulle part dans un équilibre « parfait et constant. Le domaine, dont il s'agit, embrasse « donc toutes les parties de l'univers, quelles qu'elles soient; « et, conséquemment, les corps célestes, connus et incon« nus. subissent nécessairement les effets de la puissance de « la nature. Aussi, l'on est autorisé à penser que, quelque « considérable que soit la lenteur des changements qu'elle « exécute dans les grands corps de l'univers, tous, néanmoins, « y sont assujettis, en sorte qu'aucun corps physique n'a nulle « part une stabilité absolue (5). »

(1) « Animaux sans vertèbres », Introduction, p. 11.
(2) De l'attraction universelle et de l'action d'une force répulsive.
(3) « Animaux sans vertèbres », Introduction, p. 170.
(4) Celles de la nature.
(5) « Animaux sans vertèbres », Introduction, p. 327.

Quoique Lamarck, comme il ressort du commencement de ce passage, n'ait pas encore reconnu que « mouvement » et « forces naturelles » ne sont que deux noms pour une seule et même chose, il les met cependant toujours dans une connexion, dans une dépendance si étroite, que le caractère unitaire de son mécanisme reste conservé. Cette assertion est corroborée par nombre de passages, tels que le suivant:

« Les fluides subtils et pénétrants, cités ci-dessus (1), sont « sans cesse en mouvement dans les différentes parties de « notre globe, dans tous les lieux qui composent sa masse, « dans les interstices et même dans la porosité des corps. « De cette vérité qu'attestent les faits connus, qui concer- « nent ces fluides, il résulte que ces mêmes fluides sont par- « tout dans une activité continuelle, et qu'ils exercent une « influence réelle sur la plupart des phénomènes que nous « observons (2). »

Si donc Lamarck ne considère pas le mouvement et les forces naturelles comme identiques, il me semble, au moins, qu'il les a reconnus comme inséparables. Si les passages qui concernent la mécanique céleste sont très rares chez Lamarck, il n'en est pas de même, quand il s'agit de l'application de sa conception mécanique aux questions géologiques, qu'il a même traitées dans un ouvrage spécial, son « hydrogéologie ».

Mais, puisque j'aurai à m'occuper des conceptions de Lamarck en géologie, dans le chapitre suivant, je me contenterai de citer ici, pour prouver son mécanisme géologique, une seule phrase :

« A mesure que nous étendons nos observations, que nous « considérons les mouvements qui sont à la surface du glo- « be, que nous suivons une multitude de faits de détail, qui « se présentent sans cesse à nous de tous côtés, nous som- « mes forcés de reconnaître qu'il n'y a nulle part de repos « parfait; qu'une activité continuelle, variée selon les temps « et les lieux, règne absolument partout (3). »

(1) La chaleur, l'électricité.
(2) « Animaux sans vertèbres », Introduction, p. 44.
(3) « Système analytique », p. 29.

Enfin, le fait que Lamarck n'a pas hésité à faire l'application de son principe mécanique aux corps vivants, constitue, à mon avis, un de ses plus grands mérites. Il me semble même que c'est le côté de sa philosophie par lequel il se rapproche le plus de nos conceptions monistes modernes.

Cette grande vérité que tous les phénomènes que nous observons dans la matière vivante trouvent leur explication dans le mouvement perpétuel des atomes, que ces phénomèmènes s'opèrent en vertu des mêmes lois qui régissent la matière inorganique, Lamarck ne l'a pas reconnue dès le premier abord.

En 1800, il émet encore l'opinion que « elles (les matières « brutes), se régissent par des lois à peu près connues, et « qui sont très différentes de celles auxquelles les corps « vivants sont assujettis (1). »

Il a donc partagé au commencement l'opinion de ses contemporains, que les phénomènes vitaux suivent d'autres lois que ceux qui se manifestent dans la matière inorganique, opinion dont, d'ailleurs, même la génération actuelle n'a pas encore su se débarrasser complètement.

Mais, ce qui peut nous consoler à l'égard de Lamarck, c'est que ce passage me semble être le seul où il énonce l'idée que les phénomènes de la matière vivante soient régis par d'autres lois que ceux de la matière inorganique.

Partout au contraire, et surtout dans la « Philosophie zoologique » et dans l'Introduction des « Animaux sans vertèbres », il insiste toujours de nouveau sur l'universalité des lois, sur l'identité des forces dans toute la matière, soit organique, soit inorganique.

A quel haut degré il se mettait par là en opposition diamétrale avec l'opinion régnant alors, cela ressort de plusieurs fragments de son œuvre, tels que le suivant :

« En effet, on a dit que les corps vivants avaient la faculté « de résister aux lois et aux forces auxquelles tous les corps « non vivants ou de matière inerte sont assujettis, et qu'ils « se régissaient par des lois qui leur étaient particulières. « Rien n'est moins vraisemblable et n'est, en effet, moins

(1) Discours d'ouverture, prononcé le 21 floréal, an 8, p. 4.

« prouvé, que cette prétendue faculté qu'on attribue aux « corps vivants, de résister aux forces auxquelles tous les « autres corps sont soumis (1). »

Il trouve l'explication pour cette opinion, si généralement répandue, parmi ses contemporains, dans le fait que, selon les circonstances, c'est-à-dire selon la différence dans la nature des corps, les manifestations, les résultats qu'amènent les forces naturelles en agissant d'après les lois universelles, doivent également être différents.

Il dit :

« Ayant remarqué que les résultats des lois de la nature « dans les corps vivants étaient bien différents de ceux « qu'elles produisent dans les corps inanimés, ils (les sa« vants), ont attribué à des lois particulières pour les pre« miers, les faits singuliers qu'on observe en eux et qui ne « sont dus qu'à la différence de circonstances qui existe en« tre ces corps et ceux qui sont privés de la vie (2). »

Ayant reconnu cette erreur de ses contemporains, Lamarck est convaincu que les lois qui régissent toutes les mutations sont « partout les mêmes et jamais en contradiction entre « elles (3) », et dans un autre passage, il dit expressément :

« Il n'est pas vrai que la nature ait pour les corps vivants « des lois particulières opposées à celles qui régissent les « mutations qui s'observent à l'égard des corps privés de « la vie (4). »

Donc, unité absolue des lois qui régissent la matière, c'est-à-dire unité du mode d'après lequel agissent les forces naturelles, ou autrement dit unité du mouvement universel, car au fond, c'est tout un.

Il est très curieux que, dans un passage de ses « Recherches », Lamarck montre le peu de sympathie avec laquelle il a accueilli la grande loi de Lavoisier, de la conservation de la matière. Après avoir parlé de quelques-unes de ses observations, il ajoute :

(1) « Philosophie zoologique », 2e volume, p. 86.
(2) « Philosophie zoologique », 2e vol., p. 85
(3) « Philosophie zoologique », 2e vol., p. 84.
(4) « Philosophie zoologique », 2e vol., p. 152.

« Ce ne sont point là des suppositions sans preuve, com-
« me celle de l'affinité convertie gratuitement en puissance
« active; la conservation constante des molécules intégran-
« tes des corps, etc. (1). »

Donc, la grande loi de Lavoisier n'est pour lui qu'une supposition sans preuve. On se demande alors: Est-ce que Lamarck aurait accueilli avec plus de sympathie la loi correspondante de Robert Mayer et Helmholtz ?

Je n'ose pas répondre à cette question par l'affirmative, quoiqu'il me semble que cette vérité aurait trouvé, peut-être, dans sa conception d'une mécanique universelle, un sol moins dur pour s'y enraciner.

Mais quant à la loi de la substance, de Häckel : Pas de matière sans énergie, pas d'énergie sans matière, il appert de plusieurs passages, que cette loi aurait été très mal accueillie par Lamarck.

Il dit, par exemple, que le mouvement « n'est essentiel « à aucune matière, à aucun corps (2) », et dans un autre passage, il parle de « certaines matières bien connues, aux- « quelles on attribue mal à propos de l'activité comme leur « étant naturelle (3) ».

En un mot, distinction assez nette entre le mouvement et la matière. Lamarck est donc encore loin de notre conception moniste, qui considère le mouvement, l'énergie, comme un attribut essentiel de toute la matière.

Mais, malgré cette trace dualiste, le mécanisme de Lamarck reste un fait incontestable.

J'espère avoir prouvé, par les extraits cités jusqu'ici, qu'il était convaincu du mouvement universel qui ne cesse jamais, de l'unité des lois qui régissent l'univers, de l'identité des forces qui se manifestent dans la matière.

J'ai déjà dit, plus haut, que Lamarck, en appliquant sa conception mécanique à la matière vivante, a fait, par là, un pas décisif. Et, ce qui est encore plus remarquable, il n'a pas hésité à faire un pas de plus en abordant par le même pro-

(1) « Recherches sur l'organisation des corps vivants », p. 106.
(2) « Animaux sans vertèbres », Introduction, p. 319.
(3) « Système analytique », p. 18 .

cédé, la question des questions. Quelle est l'origine de la vie ?

Quoiqu'il ne méconnaisse point les difficultés immenses que nous présente ce grand problème, dont l'humanité s'est préoccupée depuis qu'elle pense, il ne considère pas, convaincu de l'évolution progressive de l'intelligence humaine et persuadé du caractère purement physique des phénomènes vitaux, la solution de cette question hors de notre portée. Il dit à cet égard :

« Quelque difficile que soit ce grand sujet de recherches,
« les difficultés qu'il nous présente ne sont point insurmon-
« tables, car il n'est question, dans tout ceci, que de phé-
« nomènes purement physiques (1). »

Combien il a avancé sur son temps par une telle conception physico-mécanique de la vie ! Il faut considérer, en effet, que, même aujourd'hui, un siècle après Lamarck, malgré toutes les nouvelles acquisitions en biologie, confirmant la conception de Lamarck sur la vie, il y a encore des philosophes qui considèrent la vie comme un phénomène tout à fait particulier, auquel il faut réserver une place exceptionnelle dans le monde.

Qu'il me suffise de citer un seul exemple:

M. Bergson émet dans son « Evolution créatrice » l'énormité suivante : « Des phénomènes observés dans les formes
« les plus élémentaires de la vie, on ne peut dire qu'ils sont
« encore physiques et chimiques ou qu'ils sont déjà vitaux. »

Si l'on compare ces deux opinions opposées, on pourrait se demander avec raison : Quelle des deux est du commencement du XIXe et quelle de celui du XXe siècle ? Et si l'on ne savait pas que la première est celle de Lamarck et la dernière celle de M. Bergson, je suis tout à fait sûre qu'on n'hésiterait pas un seul instant à attribuer à l'opinion anti-physico-chimique l'âge vénérable de tout un siècle et de déclarer l'opinion antipode jeune comme un nouveau-né.

Bien que Lamarck refuse énergiquement de considérer le mouvement comme un caractère essentiel de la matière, il

(1) « Philosophie zoologique », 1er vol., p. 352.

reconnaît que le seul domaine, où le mouvement puisse se manifester, est celui des corps. Il dit :

« La nature ne nous offre d'observable que des corps, que « du mouvement entre des corps ou leurs parties ; que des « changements dans les corps ou parmi eux ; que les « propriétés des corps ; que des phénomènes opérés par « les corps et surtout par certains d'entr'eux ; enfin, que des « lois immuables, qui régissent partout les mouvements, les « changements et les phénomènes que nous présentent les « corps (1). »

« C'est la même pensée que Claude Bernard, dans ses:«Leçons sur les phénomènes de la vie » a prononcée,lorsqu'il dit: « Il n'y a d'action possible que sur et par la matière; l'univers ne montre pas d'exception à cette loi. »

Lamarck a donc reconnu la vérité : sans la matière, aucun mouvement, mais il n'a pas remarqué le revers de la médaille.

J'ai déjà dit, plus haut, que Lamarck n'a pas saisi l'identité du mouvement et des forces naturelles, dénomination, qui sert seulement à désigner les différentes manières d'après lesquelles s'opère le mouvement.

Si nous nous rendons compte de ce fait, que Lamarck n'a pas saisi notre principe moniste de l'équivalence et de la transformation de l'énergie, nous ne nous étonnerons plus d'entendre Lamarck parler d'une cause excitatrice de mouvements. Cette seule et unique cause excitatrice ce sont, pour me servir d'une expression de Lamarck, qui surgit partout dans ses ouvrages, les « fluides subtils ». Sur l'identité de ces fluides subtils avec nos forces physico-chimiques, il ne nous reste aucun doute, car il les énumère à plusieurs reprises, telles que la lumière, la chaleur, l'électricité, et le fluide magnétique.

Parmi ces quatre, il donne toujours le premier rang à la chaleur et le deuxième à l'électricité. La haute importance pour tous les phénomènes de la vie qu'il attribue à ces forces ressort du passage suivant :

« Ce sont précisément ces fluides subtils qu'il nous im-

(1) « Animaux sans vertèbres », Introduction, p. 260.

« porte, le plus ici, de considérer; car ce sont ceux qui, dans « notre globe, produisent les phénomènes les plus étonnants, « les plus curieux, les moins connus ; ce sont ceux qui, par « leur action sans cesse renouvelée, constituent la cause « excitatrice des mouvements vitaux dans tout corps orga- « nisé, en qui ces mouvements sont exécutables ; en un mot, « ce sont ceux que le biologiste ne saurait se dispenser de « prendre en considération, s'il veut entendre quelque chose « au phénomène de la vie et saisir la cause des autres « phénomènes que la vie, dans les animaux, peut amener « successivement, en compliquant de plus en plus leur orga- « nisation (1). »

Prendre ces forces en considération, c'est ce que les biologistes ont largement fait depuis quelques dizaines d'années. De là, tous ces beaux résultats que nous ont fournis leurs expériences sur les tropismes, en général, et le phototropisme et l'électrotropisme en particulier.

Quant aux rôles que Lamarck attribue à la chaleur et à l'électricité, dans la production des mouvements vitaux, ils me semblent un peu artificiels. Il dit :

« Le calorique paraît être celui des deux fluides excitateurs « en question, qui cause et entretient l'orgasme (2) des « parties souples des corps vivants, et le fluide électrique « est vraisemblablement celui qui fournit la cause des mou- « vements organiques et des actions des animaux (3). »

Cette distribution, à mon avis, un peu arbitraire, des rôles départagés entre les deux forces s'explique, peut-être, dans une large mesure, par cette invention de Lamarck, qu'il appelle « orgasme » et qu'il a créée pour la seule raison, à ce qu'il me semble, de la pouvoir attribuer comme propriété générale, à toute la matière vivante et pour pouvoir réserver l'irritabilité aux animaux. J'aurai à revenir sur ce point au cours de mon quatrième chapitre.

Pour démontrer la grande influence de la chaleur, qu'il considère comme « première cause de la vie » et son facteur

(1) « Animaux sans vertèbres », Introduction, p. 42.
(2) Orgasme : espèce de tension.
(3) « Philosophie zoologique », 2e vol., p. 6.

indispensable, il attire notre attention, à plusieurs reprises, sur toutes les merveilles qu'elle produit dans les pays chauds.

Quant au fluide électrique, Lamarck lui attribue surtout l'irritabilité des animaux, idée qui a trouvé une certaine confirmation par nombre d'expériences récentes sur le galvanotropisme prononcé de la plupart des protozoaires.

Le galvanisme joue, d'ailleurs, chez Lamarck, un rôle assez important, et il n'hésite même pas à définir le fluide nerveux comme un fluide galvanique (1). La fascination que ce fluide a exercée sur la mentalité de Lamarck paraît avoir été immense, à en juger d'après l'espace qu'il occupe dans son œuvre.

Si nous parlons aujourd'hui de l'afflux nerveux comme d'une des choses les plus naturelles du monde, il ne peut pas en avoir été de même du temps de Lamarck, car il dit :

« Si nous refusons de reconnaître son existence et ses facultés, il nous faudra donc abandonner toute recherche sur les causes physiques de ces phénomènes et recourir de nouveau à des idées vagues et sans base, pour satisfaire notre curiosité à leur égard (2). »

Pour Lamarck, l'existence de ce fluide, quoique ne se manifestant que par ses effets, est un fait, et il n'hésite pas à aller jusqu'au bout et à attribuer même les facultés les plus éminentes des animaux aux mouvements de ce fluide.« Je dis que non seulement les actions constituées par les mouvements des parties externes du corps sont produites par des mouvements et des déplacements de fluides subtils internes, mais même que les actions intérieures, telles que l'attention, les comparaisons, les jugements, en un mot, les pensées et telles encore que celles qui résultent des émotions du sentiment intérieur (3), sont aussi dans le même cas (4). »

L'énergie avec laquelle Lamarck insiste sur le caractère

(1) « Recherches sur l'organisation », p. 176. « Philosophie zoologique », 2e vol., p. 8.

(2) « Philosophie zoologique », 2e vol., p. 216.

(3) Invention de Lamarck, correspondant à peu près à la conscience.

(4) « Animaux sans vertèbres », Introduction, p. 247.

purement physique de ces phénomènes les plus compliqués et s'oppose à toute explication métaphysique, se montre dans beaucoup de passages, dont je me contenterai de citer les plus frappants. Il dit, par exemple :

« Que peuvent être ces différentes facultés, sinon des « faits naturels, des phénomènes uniquement organiques et « purement physiques ; phénomènes dont les causes, quoi- « que le plus souvent difficiles à saisir, ne sont réellement « pas hors de la portée de nos observations et de nos étu- « des ? (1). »

Et un peu plus loin :

« Si beaucoup d'animaux possèdent la faculté de *sentir*, « et si, en outre, il y en a parmi eux qui soient capables « *d'attention*, qui puissent se former des *idées*, à la suite « de sensations remarquées, qui aient de la *mémoire*, des « *passions*, enfin, qui puissent juger et agir par *prémédita-* « *tion*, faudra-t-il attribuer ces phénomènes que nous obser- « vons en eux à une cause étrangère à la matière, et, consé- « quemment étrangère à la nature, qui n'agit que sur des « corps, qu'avec des corps et que par des corps (2). »

Lamarck va encore plus loin. Il devient presque déterministe, et il me semble qu'en écrivant la phrase suivante: « On reconnaîtra facilement que les différents phénomènes « que nous offrent les corps vivants sont tous véritablement « physiques, que leurs causes mêmes sont déterminables, « quoique difficiles à saisir (3) », il avait présent dans sa conscience la grande loi de causalité, le principe fondamental du déterminisme: Les mêmes causes produisent les mêmes effets.

Je ne m'arrêterai pas ici sur le mécanisme cérébral, ayant à y revenir dans un autre chapitre de ce travail.

Donc, rien de mystérieux, rien de métaphysique dans aucun des phénomènes que nous observons ou à l'intérieur de notre corps ou autour de nous. Tout s'explique par le mouvement perpétuel des forces naturelles. par toutes ces « ma-

(1) « Animaux sans vertèbres », Introduction, p. 218.
(2) « Animaux sans vertèbres », Introduction, p. 222.
(3) « Animaux sans vertèbres », Introduction, p. 63.

tières subtiles », dont les quelques-unes qui nous sont connues, quoique nous soyons encore loin de les connaître toutes, nous donnent déjà une idée de leur haute importance.

Lamarck dit à cet égard :

« Quoiqu'il soit impossible de connaître directement tou-
« tes les matières subtiles qui existent dans la nature, renon-
« cer à des recherches relatives à certaines d'entre elles, ce
« serait, à ce qu'il me semble, refuser de saisir le seul fil
« que nous offre la nature pour nous conduire à la connais-
« sance de ses lois; ce serait renoncer aux progrès réels de
« celle que nous possédons sur les corps vivants, ainsi que
« sur les causes des phénomènes que nous observons dans
« les fonctions de leurs organes; et ce serait, en même temps,
« renoncer à la seule voie qui puisse nous procurer les
« moyens de perfectionner les théories physiques et chimi-
« ques que nous pouvons former (1). »

Je voudrais bien terminer ici cette exposition succincte des conceptions mécaniques de Lamarck, mais on pourrait avec raison m'accuser d'avoir vu ces conceptions à un point de vue trop strictement moniste. On pourrait même m'accuser d'inexactitude, si je ne disais rien sur la « force vitale » chez Lamarck : car, malheureusement, ce pauvre enfant malingre et débile a donné, à plusieurs reprises, des preuves incontestables de son existence.

Il faut l'avouer, lorsque je lus pour la première fois le terme « force vitale », dans Lamarck, j'en fus fort incommodée. Quand on vient de lire des passages tels que ceux cités plus haut, passages propres à réjouir le « cœur » de tout moniste, quand on a entendu Lamarck déclarer tout haut et à plusieurs reprises, qu'il n'y a rien de métaphysique dans les corps, l'apparition de cette mystérieuse force vitale produit à peu près le même effet sur notre enthousiasme moniste, provoqué par le mécanisme de Lamarck, qu'une douche froide sur un corps humain qui vient de prendre un bain chaud.

(1) « Philosophie zoologique », 2e vol., p. 217.

Heureusement, lorsque le premier effroi s'est apaisé et qu'on regarde d'un peu plus près, on s'aperçoit bien vite que cette soi-disant « force » est, en réalité, une faiblesse, une débilité, un être sans os et sans moelle, et je n'hésite même pas à dire qu'elle n'est, chez Lamarck, qu'un mot, qu'un nom. En écrivant ces derniers mots, je m'aperçois que cette restriction chez Lamarck pourrait peut-être évoquer l'idée que je considère cette prétendue force chez les autres, qui se font ses défenseurs, chez les vrais vitalistes, desquels Lamarck est séparé par un abîme, comme quelque chose de plus qu'un mot, qu'un nom. Ce n'est naturellement pas ce que je voulais dire. Chez Lamarck, comme chez les vitalistes, c'est le même fantôme, seulement il y a cette différence, que les vitalistes savent parfois donner à ce fantôme une apparence de vie, tandis que chez Lamarck il n'a pas même cette apparence.

Qu'on juge soi-même. Lamarck dit que les phénomènes vitaux

« Prouvent effectivement l'existence d'une force particu-
« lière qui anime les corps qui jouissent de la vie ; mais cette
« force ne résulte nullement de lois propres à ces corps ; elle
« prend sa source dans la cause excitatrice des mouvements
« vitaux (1). »

D'après ces lignes, il me semble que cette force particulière n'est, au fond, autre chose que l'ensemble des mouvements vitaux. Mais, quoiqu'il en soit, il ne reste pas grand' chose de cette « force vitale » de Lamarck, qui, au premier abord et si l'on juge superficiellement, peut nous donner quelques doutes sur la pureté du mécanisme de notre philosophe.

Et, d'ailleurs, il ne faut pas s'étonner trop que ce fantôme sans os et sans moelle ait hanté un peu la mentalité de Lamarck, attendu que même aujourd'hui ce vieux spectre n'est pas encore tout à fait disparu.

Il ne faut pas oublier que, si Lamarck, à beaucoup de points de vue, a devancé son temps, il était, à d'autres égards, un véritable enfant de son époque, incapable de se dégager

(1) « Philosophie zoologique », 2e volume, p. 88.

complètement de ce qu'on avait pensé et écrit avant lui.

Néanmoins, malgré cette malheureuse « force particulière », j'espère qu'on s'est convaincu par cette exposition succincte des conceptions mécaniques de Lamarck, que la base de sa philosophie est la même que celle sur laquelle se fonde le monisme.

En résumé Lamarck voit partout, dans tout l'univers, un mouvement, un changement perpétuel, qui suit toujours et partout les mêmes lois, et dans la matière inorganique, et dans la matière vivante. Même les facultés les plus éminentes des animaux, et de l'homme en particulier, ne sont que de simples mouvements, qui se manifestent dans le système nerveux et surtout dans le cerveau, produits par les mêmes forces physico-chimiques, qui agissent dans la matière inorganique.

Le noyau de la philosophie de Lamarck est donc mécanique-moniste. M'étendre ici, sur ce point, avec plus de détails, serait superflu, car il va sans dire que cette conception fondamentale de Lamarck se fait sentir partout dans son œuvre et se tire comme un fil rouge à travers tous ses ouvrages.

Voyons maintenant de quelle manière Lamarck applique cette conception mécanique de l'univers aux questions géologiques.

CHAPITRE II

Les Conceptions de Lamarck en géologie

Häckel parle, quelque part, d'un bio-monisme de Lamarck. Avec autant et même avec plus de droit — car, à l'égard de ce bio-monisme, j'aurai une objection à formuler qui me semble bien fondée — il aurait pu parler de son géo-monisme, et sans craindre la controverse, les conceptions de Lamarck en géologie sont, en effet, marquées d'un caractère purement moniste.

Ces conceptions mécaniques de Lamarck en matière géologique, ont une importance d'autant plus grande qu'elles forment la base de toute sa philosophie biologique.

Dans la préface que Charles Martins (1), a écrite pour la « Philosophie zoologique », il émet l'opinion que, à l'époque, où écrivit Lamarck, « ses généralisations sur la géologie étaient prématurées ». Il ne me semble pas possible de partager cette opinion.

A une époque, où les observations et les recherches des géologues italiens avaient déjà fourni des données suffisantes pour servir de base à la jeune science, où Werner avait déjà formulé son système neptuniste, d'après lequel il enseignait la géologie à l'Ecole des Mines, à Freiberg, en Saxe, il me semble qu'on n'avait pas le droit de prétendre que les généralisations de Lamarck en géologie étaient prématurées. Que ces tentatives renferment des idées erronées, c'est une autre question qu'il faut traiter à part.

Les contemporains de Lamarck n'ont guère pris la peine de s'arrêter à ses conceptions géologiques, car on les regardait généralement comme de pures conjectures, bâties

(1) Ch. Martins définit l'atavisme comme suit, p. LXXVII : Cette transmission des habitudes et des idées des parents aux enfants est désignée maintenant sous le nom d'atavisme!!!

sur le sable, comme des raisonnements sans base empirique, tandis que tout nous autorise à penser que les idées qu'il s'est formées en matière géologique, se fondent sur des recherches et des observations personnelles.

C'est un fait incontestable qu'il a visité des mines et étudié les différentes couches de la surface du globe, fait qui est prouvé, par exemple, par son séjour à Freiberg, en Saxe, à Clausthal, au Harz, à Schemnitz et à Cremnitz, en Hongrie (1).

Dans ses « Recherches sur les causes des principaux faits physiques », il fait mention d'une de ses observations, faites à Freiberg:

« Dans une des mines de Freiberg en Saxe, où je suis « descendu, j'ai trouvé une preuve évidente de ce que j'a- « vance. Tout le sol est un schiste micacé, d'un gris bleuâ- « tre. Ce schiste, à la surface de la terre. est tendre, friable et « parfaitement argileux. A mesure que l'on descend dans la « mine, on le reconnait partout pour le même schiste, toujours « parsemé de parcelles de mica, mais il devient de plus en « plus dur et ses feuillets ont moins d'épaisseur, etc. (2).

Ce séjour à Freiberg paraît avoir laissé des traces assez profondes dans ses conceptions géologiques qui, comme on ne peut pas s'empêcher de constater, ont beaucoup de points communs avec celles de l'Ecole de Freiberg.

Comme Werner et ses élèves, Lamarck attribue une importance prépondérante à l'action transformatrice des eaux sur la surface de notre globe, tandis que l'influence de la masse ignée, à l'intérieur de la croûte terreste (3), joue dans ses conceptions géologiques, un rôle tout à fait accessoire.

En ce qui concerne ce dernier point, il émet sur l'origine de cette masse ignée une idée assez singulière, et puisque je n'ai pas la moindre intention de voiler les erreurs de La-

(1) Dans l'ouvrage de Packard « Lamarck, his life and work », il se trouve quelques petites erreurs: Au lieu de Freiberg: Freyburg; Freiburg est une ville du Grand-Duché de Bade; au lieu de Schemnitz: Chemnitz, qui est une ville de Saxe, centre industriel, très important.

(2) « Recherches sur les causes des principaux faits physiques », page 371, 2e vol.

(3) Lamarck croit que le centre de la terre est compact.

marck — le pape seul est infaillible — je constate le fait et je répète ce qu'il dit :

« Par ce moyen (végétation), la nature travaille sans in-« terruption à former ces amas immenses de matières com-« bustibles que l'eau transporte petit à petit au fond de la « croûte externe du globe et qui deviennent les matériaux « de tous les volcans de la terre (1). »

Inutile de donner à une telle idée foncièrement erronée des commentaires. Il faut l'avouer, ce n'est pas la seule idée insoutenable qui se trouve dans son « Hydrogéologie ». Il y en a d'autres. Mais à côté de ces conceptions fausses, on rencontre des idées qui témoignent d'une sagacité extraordinaire et qui surprennent quelquefois par leur grande ressemblance avec quelques-unes des conceptions, énoncées quelque dizaines d'années plus tard par l'éminent géologue anglais, Lyell.

Chez Lamarck comme chez Lyell réfutation de la théorie des cataclysmes, chez l'un comme chez l'autre l'action lente des causes encore actuellement existantes et agissantes intervient seule, et, par conséquent, tous les deux admettent l'hypothèse d'une très haute antiquité du globe terrestre. Chez Lamarck comme chez Lyell est exposée la théorie d'une tranformation incessante de la croûte terrestre, s'opérant avec une lenteur extrême, transformation due à des causes efficientes à l'exclusion de toute intervention miraculeuse d'une puissance surnaturelle, se manifestant arbitrairement.

Vu cet accord dans les points essentiels de leurs théories, il est surprenant que Lyell se soit déclaré, à plusieurs reprises, adversaire des conceptions de Lamarck. Peut-être faut-il chercher l'explication de ce fait dans l'exagération de Lamarck de l'influence transformatrice des efforts d'un animal, faits pour satisfaire un besoin, et dans sa théorie sur la progression, qui ne trouvait pas grande sympathie de l'autre côté de la Manche.

Mais si Lyell était un adversaire, c'était au moins un adversaire loyal, ce qu'il a prouvé à plusieurs reprises, en pre-

(1) « Hydrogéologie », p. 110.

nant parti pour Lamarck vis-à-vis des injustices de Darwin. Si Lamarck avait trouvé un jugement aussi modéré que celui de Lyell, chez un autre adversaire, adversaire qui fut parmi tous ses contemporains son ennemi le plus redoutable, il aurait peut-être eu la joie de cueillir quelques fruits de son travail, moins amers que ceux qu'ils recueillit en réalité.

Lamarck et Cuvier étaient des antipodes à presque tous les points de vue, et surtout à l'égard de leurs conceptions en géologie, on ne peut guère imaginer des contrastes plus frappants. Les trois points essentiels:

1° La question des catastrophes universelles;

2° Celles de l'action lente des causes actuelles;

3° Celle de l'antiquité de la terre ;

Points qui lient les conceptions de Lamarck à celles de Lyell, sont autant de pierres d'achoppement entre Lamarck et Cuvier.

Qu'on me permette, pour répandre sur les conceptions monistes de Lamarck en géologie, toute la lumière possible, de les mettre en parallèle avec celles de Cuvier, qui présentent un caractère purement dualiste.

Chez ce dernier, affirmation absolue du premier point, c'est-à-dire de la question des cataclysmes. Il dit à cet égard:

« Ces irruptions, ces retraites répétées, n'ont point toutes « été lentes, ne se sont point toutes faites par degrés; au « contraire, la plupart des catastrophes qui les ont amenées, « ont été subites; et cela est surtout facile à prouver pour la « dernière de ces catastrophes; pour celle qui, par un dou- « ble mouvement a inondé et ensuite remis à sec nos con- « tinents actuels, ou, du moins, une grande partie du sol « qui les forme aujourd'hui (1). »

Cette théorie de Cuvier sur les catastrophes, les déluges universels a pour conséquence nécessaire l'apparition, après chaque cataclysme, d' « une édition nouvelle, augmentée et corrigée de la population organique du globe » (Häckel).

En effet, Cuvier et tous ses disciples, n'ont pas hésité à tirer cette conséquence, et nombre de croyants l'ont adoptée — elle s'accordait, d'ailleurs, fort bien avec les récits de la

(1) Discours sur les révolutions du globe, p. 10.

bible — sans se demander, si un tel bouleversement total et plusieurs fois répété, n'est pas en contradiction flagrante avec leur conception d'un dieu qui est la justice, la prévoyance et la sagesse.

Chez Lamarck, négation non moins énergique de cette question des cataclysmes. Il appelle avec raison cette théorie des catastrophes universelles « un moyen commode de se « tirer d'embarras (1) », et il ajoute:

« Pourquoi supposer sans preuves une catastrophe uni-« verselle, lorsque la marche de la nature mieux connue, « suffit pour rendre raison de tous les faits que nous obser-« vons dans toutes ses parties ? (2). »

Et, tout en niant les cataclysmes universels, il admet comme causes transformatrices accidentelles, les catastrophes locales : « Si l'on considère d'une part que, dans tout « ce que la nature opère, elle ne fait rien brusquement et « partout elle agit avec lenteur et par dégrés successifs, « et, de l'autre part, que les causes particulières ou locales « des désordres, des bouleversements, des déplacements, « etc., peuvent rendre raison de tout ce que l'on observe à « la surface de notre globe, et sont néanmoins assujetties à « ses lois et à sa marche générale, on reconnaîtra qu'il n'est « nullement nécessaire de supposer qu'une catastrophe uni-« verselle est venue tout culbuter et détruire une grande par-« tie des opérations même de la nature (3). »

Lamarck affirme que ces catastrophes locales n'ont rien de miraculeux, il les considère, malgré la terreur qu'elles répandent souvent autour d'elles, comme faisant partie de l'ordre universel, conception qu'il exprime dans une note, où il s'oppose aux idées de Voltaire et de ses disciples :

« Ces philosophes, considérant comme maux et comme dé-« sordres, ce qui tient essentiellement à la nature des cho-« ses, c'est-à-dire, ce qui n'est que le résultat d'un ordre « général et constant de changements, d'altérations, de des-

(1) « Philosophie zoologique », 1er vol., p. 95.
(2) « Philosophie zoologique », 1er vol., p. 95.
(3) « Philosophie zoologique », 1er vol., p. 96.

4

« tructions et de renouvellements à l'égard des corps de tout « genre (1). »

Je n'ai pas besoin d'insister sur le fait que la théorie dualiste des catastrophes universelles est, depuis longtemps, entièrement abandonnée, tandis que toutes les conceptions, qui règnent actuellement en géologie, se rapprochent plus ou moins de la théorie moniste de Lamarck, d'après laquelle tous les changements qu'a subis la surface de notre globe, sont les conséquences des lois universelles, et les catastrophes locales, quelque violentes qu'elles soient, ne sortent aucunement du cadre général des phénomènes.

Quant à la deuxième question relative aux causes transformatrices, Cuvier nie strictement que des causes actuellement agissantes aient pu effectuer tous les changements qu'a subis notre globe. Il dit: « C'est en vain que l'on cherche dans les « forces qui agissent maintenant à la surface de la terre, des « causes suffisantes pour produire les révolutions et les ca- « tastrophes dont son enveloppe nous montre les traces (2). »

Lamarck, au contraire, n'admet, à l'exclusion de toute autre cause, que des forces naturelles, agissant aujourd'hui de la même manière qu'autrefois, lorsque notre planète, encore à l'âge de l'enfance, commençait à parcourir les différents stades de son évolution.

Après avoir parlé des couches verticales ou fort inclinées, il continue:

« Conclura-t-on de là qu'il y a eu nécessairement une ca- « tastrophe universelle, un bouleversement général, qui y a « donné lieu ? Ce moyen si commode pour ceux des natura- « listes qui veulent expliquer tous les faits de ce genre sans « prendre la peine d'observer et d'étudier la marche que « suit la nature, n'est point du tout ici nécessaire, car il est « aisé de concevoir que la direction inclinée des couches « dans les montagnes peut avoir été opérée par d'autres « causes, et surtout par des causes plus naturelles et bien

(1) « Animaux sans vertèbres », Introduction, p. 329. (note.)

(2) Discours sur les révolutions du globe, p. 20.

« moins supposées que l'événement d'un bouleversement gé-
« néral (1). »

Et un peu plus loin, il explique la direction verticale de ces couches par des affaissements locaux. Mais ces affaissements locaux ne sont pas la plus importante des causes transformatrices.

Le neptuniste Lamarck est d'avis que ce sont avant tout les eaux, tant douces que marines, qui transforment sans cesse la surface de notre globe.

Dans le premier chapitre de son « Hydrogéologie », il traite avec de longs détails l'importance de cet agent.

Sans doute, il exagère l'influence des eaux douces, s'il attribue à leur action la formation de toutes les montagnes non volcaniques, qui « ont été toutes taillées dans une plai-
« ne (2) », par le lavage de ces eaux.

Mais il est dans le vrai, lorsqu'il attribue les mutations perpétuelles que subissent les différentes parties du globe à l'action puissante de ces eaux qui, par une érosion incessante, amènent la décomposition des masses inorganiques, même des roches les plus dures qui nous paraissent comme faites pour l'éternité.

Ces eaux, en vertu de leur mouvement perpétuel, servent de véhicules à toutes ces masses en décomposition et inorganiques, et organiques, en les chariant sans cesse à des distances parfois énormes, pour les déposer, à la fin, au bord des mers.

Lamarck dit à cet égard :

« Les eaux douces, par leur contact, et aidées de l'in-
« fluence de l'air et du calorique, altèrent sans cesse et dé-
« tachent les molécules agrégées ou agglutinées des corps
« bruts; ensuite, par leurs lavages et leurs écoulements di-
« vers, elles entraînent et charient toutes les molécules et
« tous les corps, qui cessent d'adhérer aux masses solides et
« les transportent dans le bassin des mers (3). »

Donc, point de stabilité absolue, seulement une certaine

(1) « Hydrogéologie », p. 22.
(2) « Hydrogéologie », p. 14.
(3) « Hydrogéologie », p. 25.

stabilité relative à nous; le mouvement, le changement, une mutation incessante partout, le repos absolu nulle part.

C'est ce que Lamarck a reconnu avec toute évidence. Il dit :

« Tout homme observateur et instruit sait que rien n'est « constamment dans le même état à la surface du globe ter- « restre. Tout, avec le temps, y subit des mutations diver- « ses plus ou moins promptes, selon la nature des objets et « des circonstances.

« Les lieux élevés perpétuellement se dégradent par les « actions alternatives du soleil et des eaux pluviales; tout « ce qui s'en détache, est entraîné vers les lieux bas; les « lits des rivières, des fleuves, des mers même, insensible- « ment se déplacent; en un mot, tout, à la surface de la terre, « y change de situation, de forme, de nature et d'aspect (1). »

Et dans un autre passage, il émet l'opinion qu'il considère comme une grande erreur « que de supposer qu'il y ait une « stabilité absolue dans l'état que nous connaissons de la « surface de notre globe, dans la situation de ses eaux li- « quides, soient douces, soient marines, dans la profondeur « des vallées, l'élévation des montagnes, la disposition et la « composition des lieux particuliers; dans les différents cli- « mats qui correspondent maintenant aux diverses parties « de la terre, qui y sont assujetties (2) ».

Que l'état de l'univers, en général, et de la surface de la terre, en particulier, ait pour nous, êtres éphémères, cette apparence de stabilité, cela s'explique, car « relégués à la « surface d'un petit globe, qui n'est, en quelque sorte, qu'un « point dans l'univers, nous n'apercevons de cet univers « qu'un très petit coin, et nous ne pouvons même examiner « qu'un très petit nombre des objets, qui font partie du do- « maine de la nature (3) »; et c'est pourquoi: « Cette appa- « rence de stabilité des choses dans la nature sera toujours « prise pour une réalité, par le vulgaire des hommes, parce

(1) « Système des animaux sans vertèbres », p. 409.
(2) « Animaux sans vertèbres », Introduction, p. 195.
(3) « Animaux sans vertèbres », Introduction, p. 220.

« qu'en général, on ne juge de tout que relativement à « soi (1). »

Après que Lamarck a constaté l'influence sans cesse nivellante des masses liquides, il se demande, comment il se fait que la surface de la terre n'ait pas encore l'aspect d'une plaine sans élévation remarquable, qu'il y ait encore des montagnes qui s'élèvent à la hauteur de plusieurs milliers de mètres.

La réponse que Lamarck donne à cette question, ne satisfait pas absolument; mais, néanmoins, porte les traces de son génie.

Il attribue cette action, contrebalançant l'influence nivellante des eaux, aux détritus des corps vivants, qui, par leur accumulation, pendant des milliers de siècles, servent à élever insensiblement, mais perpétuellement les terrains. Il dit à cet égard que les débris des corps vivants « se consumant « successivement sur le sol de la plaine en question, augmen- « tent graduellement l'épaisseur de sa couche externe, y mul- « tiplient les substances minérales de toutes les sortes, et y « élèvent insensiblement le terrain (2). »

Sans doute, ces débris jouent un certain rôle dans la transformation de la croûte terrestre, mais il me semble que Lamarck a un peu exagéré l'influence de cet agent.

Ces amas de détritus des corps vivants, surtout les débris des coquilles, se trouvent parfois à l'intérieur de la croûte terrestre dans une quantité telle que, malgré tous les efforts de notre imagination. nous sommes incapables de nous faire une idée approximativement juste du nombre immense des corps vivants qui ont fourni ces accumulations. Aussi, des parties très considérables de la croûte terrestre sont-elles constituées uniquement par de tels amas énormes de coquillages, transformés, avec le temps, en matière pierreuse.

C'est ce que Lamarck, le « coquillard », a reconnu de bonne heure. Mais c'est précisément à cause de cette transformation en matière pierreuse compacte, qu'on a quelque-

(1) « Recherches sur l'organisation », p. 144.
(2) « Hydrogéologie », p. 18.

fois des difficultés à reconnaître l'origine de ces masses. Lamarck dit à cet égard:

« On sentira plus encore, combien cette influence est gran-
« de, si l'on considère que les détritus des corps vivants et
« de leurs productions se consument sans cesse, se défor-
« ment et cessent à la fin, d'être reconnaissables (1). »

A l'égard des masses calcaires, il fait l'observation suivante :

« Mais quel doit être notre étonnement, en apprenant que
« la plus grande quantité de la matière calcaire qui existe,
« que celle enfin qui constitue ces nombreuses chaînes de
« montagnes calcaires et ces bancs énormes de craie qu'on
« observe dans toutes les contrées de la terre, n'est due
« qu'en très petite partie aux animaux à coquilles, mais
« qu'elle est principalement le résultat de la craie, formée
« par les polypes à polypiers, c'est-à-dire par les animaux
« des madrépores, des millépores, etc., qui sont presque
« les plus imparfaits et les plus petits des animaux (2). »

L'existence des coquilles fossiles, — c'est Lamarck qui a donné ce nom aux dépouilles des corps organiques, trouvés au sein de la terre (3) — coquilles qui appartiennent en plus grande partie à des espèces marines, est pour Lamarck la preuve la plus évidente du déplacement des mers.

Il dit :

« Les fossiles qu'on trouve dans les parties sèches de la
« surface du globe, sont des indices évidents d'un long sé-
« jour de la mer dans les lieux mêmes où on les observe (4).»

Et vouloir expliquer les dépôts énormes de ces fosiles marins dans les masses pierreuses de nos montagnes, à la manière de Cuvier, par un cataclysme, un déluge universel, ce serait un problème assez difficile à résoudre.

C'est pourquoi Lamarck dit :

« La supposition d'une catastrophe universelle ou d'un
« déluge à une époque quelconque, qui aurait couvert d'eau
« toute la surface du globe, fût-ce même à la hauteur de

(1) « Hydrogéologie », p. 168.
(2) Discours d'ouverture, an 8, p. 24.
(3) « Hydrogéologie », p. 55.
(4) « Hydrogéologie », p. 65.

« mille mètres, n'offrirait pas une cause capable d'avoir pu
« produire les énormes dépôts de coquilles marines que
« nous observons dans l'état fossile sur nos continents (1). »

Si Lamarck attribue la plus haute importance à l'égard de la transformation de la surface de notre planète à l'action des eaux, il ne faut cependant pas croire qu'il le fait à l'exclusion de toute autre cause.

Il ne méconnaît pas, par exemple, le rôle qu'ont joué les affaissements et les soulèvements locaux sur différentes parties de la surface de la terre.

On sait que c'est ce facteur transformateur, déjà entrevu par Strabon, dont la haute importance a été démontrée par nombre d'observations ultérieures. Lyell et d'autres géologues éminents y ont insisté, et Darwin a fait, sur ce point, d'intéressantes observations en Amérique du Sud, pendant son voyage sur le « Beagle ». Lamarck cite comme exemples de tels changements, dus à des affaissements ou à des soulèvements du sol, plusieurs contrées, où ces changements se sont montrés avec le plus d'évidence.

Il attire notre attention sur l'état actuel des pays, qui entourent la mer Baltique, état essentiellement différent de celui qu'ils ont eu autrefois. Le fait que ces changements se produisirent réellement est prouvé par beaucoup de documents. D'autres changements, produits pendant les temps historiques et dus au même facteur transformateur, se rencontrent en Hollande, en Angleterre, mais surtout en Suède, pays qui « offre tous les symptômes d'un pays tout nouvelle-
« ment sorti des eaux (2) ».

Il cite comme un autre exemple de grands changements, opérés par le même agent, les contrées autour de la mer Caspienne.

En ce qui concerne enfin sa supposition d'une jonction possible et future de l'Angleterre et de la France, jonction, qui aurait pour résultat la transformation de la Manche en

(1) « Hydrogéologie », p. 76.
(2) « Hydrogéologie », p. 51.

un golfe, elle me semble un peu hardie. Mais en admettant que cette supposition eût toutes les chances de se vérifier, je suis toute convaincue que l'Angleterre, sachant que sa situation insulaire est une de ses plus grandes forces, ferait tout son possible pour empêcher la nature de lui jouer un si mauvais tour.

Si Lamarck avait écrit son « Hydrogéologie », un ou un demi-siècle plus tard, il aurait eu, à l'égard de tels exemples d'affaissements ou de soulèvements du sol, l'embarras du choix, car beaucoup d'observations ultérieures ont prouvé l'existence de tels changements dans un grand nombre de pays, surtout en Europe et en Amérique.

Le passage suivant contient, pour ainsi dire, en résumé, les agents naturels, qui d'après Lamarck, ont joué le plus grand rôle dans la transformation de la croûte terrestre:

« Il est certain que la croûte extérieure du globe terres-
« tre, maniée et remaniée sans cesse par les eaux de toutes
« les sortes, depuis que ce globe existe, par les déplacements
« et les passages alternatifs du bassin des mers (1), par les
« dépôts continuels et de tous les genres que les corps vi-
« vants ont formés sur ses parties nues; enfin, par les alté-
« rations, les soulèvements, les amoncellements, les affais-
« sements et les excavations que les volcans et les tremble-
« ments de terre ont produits dans son épaisseur; il est
« certain, dis-je, que, par suite de ces différentes causes, la
« croûte extérieure du globe terrestre a dû subir des chan-
« gements dans son état et dans la nature de ses parties; qui
« n'eussent jamais eu lieu sans elle (2). »

Somme toute, on ne saurait guère contester que la plupart des idées de Lamarck à l'égard de la transformation de la croûte terrestre par l'action des causes actuelles, produisant des modifications faibles, mais incessantes, ont été confirmées par des recherches et des observations ultérieures.

(1) Lamarck émet l'idée erronée d'un déplacement perpétuel des mers de l'Est à l'Ouest, en dérivant vers le Sud.

(2) « Hydrogéologie », p. 97.

Quant au troisième point, c'est-à-dire la question de l'antiquité du globe, la divergence entre les idées de Lamarck et celles de son puissant adversaire n'est pas moins remarquable. Leurs opinions sur ce point sont les conséquences nécessaires de leurs théories des causes tranformatrices.

Cuvier, avec ses cataclysmes miraculeux, avec ses déluges, produits arbitrairement par une puissance imaginaire surnaturelle et extramondaine ,avec tout l'édifice artificiel à base dualiste de sa théorie d'une métamorphose de la terre par sauts, n'avait pas, le moins du monde, besoin d'admettre pour notre planète une longue durée. Pour rendre sa théorie intelligible, en tant que peut l'être une telle théorie, quelques milliers d'années étaient largement suffisants pour rendre compte de toutes les modifications du globe. Et si l'on pouvait, à la façon du bon dieu, c'est-à-dire par un miracle, supprimer d'un seul coup toute l'histoire de notre espèce et effacer toutes les traces de la civilisation humaine, on pourrait même se contenter de n'attribuer à l'existence de notre planète qu'une durée de quelques siècles, sans rencontrer d'obstacles dans une explication à la manière de Cuvier,de toutes les modifications de la croûte terrestre.

Cuvier, comme représentant d'une haute culture intellectuelle, ne voulait naturellement pas se mettre en contradiction avec tout ce qu'enseigne l'histoire de la civilisation humaine. C'est pourquoi, et c'est pour cette seule raison, le nombre des siècles qu'on admet pour la durée de l'existence de la terre ne jouant aucun rôle dans sa théorie, c'est pourquoi Cuvier attribuait à notre planète un âge de 5 ou 6.000 ans.

Par là, il se trouvait, en outre, en parfait accord avec la cosmogonie hébraïque, dont les chrétiens s'étaient emparés.

Pour un corps céleste, des milliers d'années sont comme autant d'âns, sinon de jours de la vie humaine. Cuvier et ses disciples n'auraient donc guère eu le droit de désigner la terre, comme nous nous plaisons à le faire, comme « notre vieille mère ». Pour eux, notre planète ne pouvait être que semblable à l'enfant qui marche à peine. Mais si c'est un enfant, c'est en revanche un enfant miraculeux, et cela explique tout.

Quant à la théorie de Lamarck, des causes actuelles, théorie pour laquelle le miracle n'existe pas, une durée de 5 ou 6.000 ans serait naturellement tout à fait insuffisante pour expliquer toutes ces grandes modifications, dont les traces se trouvent à l'intérieur de la croûte terrestre.

Lamarck s'est donc bientôt convaincu que notre globe doit remonter à une très haute antiquité et que, par conséquent, il faut vraisemblablement centupler,sinon millifier les 5 ou 6.000 ans de Cuvier pour assigner à la terre son âge approximativement vrai. C'est une des idées capitales de Lamarck, idée qui surgit partout dans ses ouvrages, avec des variations les plus diverses que « pour la nature, le temps n'est « rien et n'est jamais une difficulté; elle l'a toujours à sa « disposition, et c'est pour elle un moyen sans bornes, avec « lequel elle fait les plus grandes choses comme les moin- « dres (1) ».

Mais si pour la nature, le temps n'existe pas, il n'en est pas de même à l'égard de nous, pour qui cette création de notre imagination à une certaine apparence de réalité à cause des changements qui s'opèrent sans cesse en nous, De là s'explique l'erreur fondamentale à laquelle nous sommes tous plus ou moins assujettis, de comparer inconsciemment chaque laps de temps avec notre propre vie si éphémère.

C'est ce que Lamarck a reconnu. Il dit:

« L'erreur où nous sommes tombés à cet égard prend sa « source dans la difficulté que nous éprouvons à embrasser « dans nos observations un temps considérable (2). »

Sans doute, en comparaison avec notre propre existence si courte, 5 ou 6.000 ans peuvent sembler un laps de temps assez considérable; cela change déjà, si nous prenons comme sujet de comparaison d'autres êtres vivants, par exemple, un des arbres géants des forêts américaines, auxquels il

(1) « **Hydrogéologie** », p. 67.
(2) « **Animaux sans vertèbres** », **Introduction**, p .192.

faut attribuer quelquefois un âge de 1.000 et même de 2.000 ans. A ce point de vue, les 5 ou 6.000 ans de Cuvier sont presque une étape ridicule, et nous ne nous étonnons guère, que Lamarck s'écrie :

« Oh ! Quelle est grande l'antiquité du globe terrestre ! Et « combien sont petites les idées de ceux qui attribuent à « l'existence de ce globe une durée de six mille et quelques cent ans, depuis son origine jusqu'à nos jours ! (1). »

Il me serait facile de multiplier les passages, où Lamarck attire l'attention de ses lecteurs sur la haute antiquité du globe. C'est une de ses idées ,sur lesquelles il insiste le plus. Cette idée, confirmée depuis, par tant d'observations et faits incontestables, est, aujourd'hui, généralement adoptée par la science, tandis que la fameuse théorie de Cuvier, si flatteuse pour notre vieille mère, la terre, n'est plus qu'une curiosité historique.

Sans doute, ce n'est pas à Lamarck que l'on doit ce changement profond des conceptions géologiques, car ses idées à cet égard, énoncées principalement dans l' « Hydrogéologie », passèrent presque inaperçues sous le silence dédaigneux de ses contemporains ; grâce, aux railleries de Cuvier, qui était d'avis que « chaque nouvelle édition (2) des ouvrages de Lamarck était une nouvelle folie ». C'est à Lyell, qu'il faut attribuer la gloire d'avoir, par sa « Géologie », qui parut quelques dizaines d'années après l' « Hydrogéologie », amener ce grand bouleversement dans la science géologique et d'avoir banni à jamais du domaine de cette science, les cataclysmes et déluges miraculeux dont Cuvier s'était fait le défenseur le plus acharné.

En comparaison avec l'admirable ouvrage de Lyell, l' « Hydrogéologie » de Lamarck peut, en effet, nous paraître assez pauvre, la supériorité du premier en questions géologiques étant incontestable. Mais il me semble que vouloir comparer, comme l'a fait Huxley, deux hommes d'une individualité aussi différente que l'étaient Lyell et Lamarck, ce

(1) « Hydrogéologie », p. 88.

(2) Quel sens spécial il faut donner ici à ce mot, je ne crois pas que j'aie besoin de le dire.

serait faire tort à ce dernier, car Lyell était principalement géologue, tandis que Lamarck était avant tout naturaliste et philosophe.

De là s'explique que la géologie, tout en occupant un rang assez haut dans son œuvre, n'était, pour ainsi dire, pour lui, qu'une science accessoire et auxiliaire.

Malgré cela, il faut le répéter encore une fois, les idées de Lamarck en géologie, sont de la plus haute importance pour sa philosophie biologique, à laquelle elles donnent une base solide. Sans elles, ses conceptions en biologie seraient de vrais châteaux de cartes, toujours en danger de s'écrouler.

Lamarck a senti cette connexion étroite, cette dépendance de ses conceptions biologiques avec ses idées en géologie. Cela ressort de beaucoup de passages dont je me contenterai de citer le suivant: « Tout change sans cesse à la sur-
« face de notre globe, quoiqu'avec une lenteur extrême, par
« rapport à nous; et les changements qui s'y exécutent, ex-
« posent nécessairement les races des végétaux et des ani-
« maux à en éprouver elles-mêmes, qui contribuent à les di-
« versifier sans discontinuité réelle (1). »

En résumé: quoique les conceptions de Lamarck en géologie ne soient pas exemptes d'erreurs, il a le mérite d'avoir insisté sur trois points essentiels, qui portent le caractère d'un pur monisme mécanique:

1° Il a démontré l'inanité de la théorie dualiste des catastrophes universelles;

2° Il a expliqué toutes les modifications de la croûte terrestre par l'action perpétuelle, quoique lente et faible, de causes, restant toujours les mêmes et agissant aujourd'hui de la même manière qu'au commencement de l'évolution de la terre. Par là, il a fondé une théorie éminemment moniste-évolutionniste;

3° Il a attribué à notre globe une haute antiquité, théorie auxiliaire, à l'aide de laquelle il pouvait expliquer non seulement toutes les modifications qu'a subies la surface de no-

(1) « Animaux sans vertèbres », Introduction, p. 196.

tre globe, mais aussi celles qui se sont manifestées dans la matière vivante, sans être obligé de recourir à une intervention miraculeuse quelconque.

Ainsi donc, à l'égard des conceptions de Lamarck en géologie, il ne nous reste aucun doute : elles sont purement monistes.

Envisageons, maintenant, l'édifice biologique que Lamarck a érigé sur cette solide base géologique, et abordons, avant tout, la grande question, le problème des problèmes: l'apparition de la vie sur la terre.

CHAPITRE III

L'Origine de la vie

Parler de l'origine de la vie, c'est déjà, d'une manière générale, faire preuve d'un certain courage, mais oser aborder cette question en France, cela touche presque à la témérité. Il semble, en effet, que dans aucun autre pays cette question n'est aussi discréditée que dans celui qui fut le théâtre des admirables expériences de Pasteur, expériences dont les résultats sont, en apparence, si défavorables aux controverses touchant cette question.

Il n'est donc par étonnant que la plupart des naturalistes français, qui tiennent à leur honneur scientifique, évitent comme le feu le problème de l'apparition de la vie sur notre planète. Ils furent trop nombreux déjà, ceux qui s'y brûlèrent les doigts ! Donc, il vaut mieux n'y pas toucher, car la prudence, dit-on, est la mère de la sagesse.

Si l'antipathie presque générale des savants et philosophes français à l'égard de ce problème est un fait, c'est un autre fait incontestable qu'on a beaucoup exagéré l'importance des expériences de Pasteur pour l'hypothèse de la génération spontanée ou, comme on dit maintenant plus scientifiquement, de l'archigonie. A mon avis, on ne peut pas faire une distinction trop rigoureuse entre l'importance de ces expériences en soi, et celles qu'on peut leur attribuer à l'égard de l'archigonie.

Il y a des milliards de germes d'organismes dans l'air, susceptibles de se développer et de se multiplier sous l'influence de l'humidité. Est-ce que cela prouve que les mouvements vitaux ne peuvent jamais se manifester en l'absence totale de ces germes ?

Y a-t-il pour cela impossibilité absolue à ce que la matière vivante ait originairement pris sa naissance dans la matière inorganique? Et parce qu'on n'a pas encore su faire la synthèse d'une substance monérienne à l'aide de la matière non vivante, est-ce la justification qu'il faut considérer cette question comme insoluble?

Ne ferait-on pas, au contraire, mieux, au lieu de conclure de l'échec de ces expériences à l'impossibilité de l'évolution de la matière vivante procédant de l'inorganique, de constater plutôt l'insuffisance de nos moyens chimiques trop grossiers encore pour résoudre ce problème des problèmes? Il semble que la première condition pour faire la synthèse de quelque chose, est, avant tout, d'avoir de ce quelque chose une connaissance profonde, afin de pouvoir choisir parmi les matériaux ceux qui correspondent le mieux à l'essence de ce qu'on veut produire. Est-ce que cette première condition capitale est vraiment remplie à l'égard du problème de l'archigonie? Est-ce que nous possédons déjà cette connaissance profonde de la matière vivante, du protoplasma, indispensable à la production artificielle des organismes? Nullement.

Or, aussi longtemps qu'il nous restera le moindre doute sur la composition chimique si compliquée des albuminoïdes, la solution du problème semble impossible, et même quand le protoplasma nous aura révélé le dernier de ses secrets, il restera encore la difficulté non moins grande de créer artificiellement le milieu convenable, les conditions nécessaires à l'existence de ces organismes monériens.

Mais, si cette difficulté est grande, elle n'est pas insurmontable, et les monistes sont même convaincus que l'avenir donnera à l'humanité, tôt ou tard, la solution de ce plus grand des problèmes.

Osborn, dans son ouvrage « From the Greeks to Darwin » est d'avis que « la théorie de la génération spontanée d'une forme de vie quelconque, même de la plus simple, est complètement abandonnée ».

Il me semble qu'il se trompe, que cette théorie est encore assez florissante, sinon en France, du moins dans d'autres pays, ce que de nouvelles tentatives pour résoudre ce problème, prouvent en toute évidence.

Je n'ai qu'à citer les expériences si intéressantes de Burke, Cambridge, bien que l'existence de ses radiobes dans la gélatine, sur laquelle il a exprérimenté, n'ait pas prouvé qu'il s'agissait d'une vraie synthèse de substance vivante.

Donc cette théorie n'est pas encore abandonnée, et j'ose même prétendre qu'elle ne le sera jamais. C'est une de ces questions qui semblent posséder une jeunesse éternelle. Actuellement, c'est surtout l'Allemagne qui l'a prise sous sa protection. Du reste, il me semble que l'Allemagne est la vraie mère adoptive de ce pauvre enfant, engendré il y a tant de siècles par la raison humaine, enfant qu'on a mille fois essayé de réduire au néant; mais la « force vitale » de cet enfant terrible a vraiment quelque chose de miraculeux, ce malheureux enfant, il vit encore.

C'est donc sous la protection de l'Allemagne qu'il vit et, s'il faut en croire les rapports faits sur quelques expériences très intéressantes de M. Kuckuck (1), il est même en voie de développement. Sans doute, considérer les résultats de ces expériences comme une « solution du problème de l'archigonie (2) », comme le fait l'expérimentateur, cela me semble un peu trop hardi. Mais en admettant même que le savant allemand ait interprété, ainsi qu'il arrive quelquefois, les résultats de ses expériences trop en faveur de ce qu'il veut prouver, ces résultats resteront tout de même un pas fait en avant dans la voie qui conduira enfin à la vérification expérimentale de notre « hypothèse à la jeunesse éternelle. »

Depuis qu'on s'est occupé d'une manière plus scientifique de la question de l'origine de la vie, on s'est convaincu que l'ancien terme de génération spontanée n'est pas trop bien choisi. Lamarck était, d'ailleurs, déjà du même avis, car il dit :

« Ils (les anciens philosophes), les nommèrent assez impro-

(1) M. Kuckuck a expérimenté sur un mélange de gélatine — peptone — asparagine — glycérine et de l'eau marine de 30°, par ionisation, et il croit avoir produit par ce procédé des cellules de baryum, très semblables aux cellules animales.

(2) M. Kuckuck a publié un ouvrage sous ce titre.

« prement générations spontanées », et c'est pourquoi ils les appelle très souvent « générations directes (1) ».

On a donc cherché à remplacer cette dénomination par d'autres moins vagues, moins équivoques, et actuellement, le nombre de ces appellations est immense et augmente encore. A côté de l'ancien terme génération spontanée ou directe, nous rencontrons dans les ouvrages qui traitent ce sujet, des expressions comme: archigonie, autogénèse, archibiose, génération équivoque, ou le terme latin *generatio æquivoca*, procréation, hétérogénie, genèse spontanée, saprobiose, nécrobiose; sans doute, un nombre assez considérable, et, du reste, je ne suis pas tout à fait sûre que l'une ou l'autre dénomination, employée par tel ou tel écrivain, ne m'ait pas échappé.

« L'enfant terrible » a donc beaucoup de noms, comme un enfant de sang illustre, et tout récemment, on a créé en Allemagne un nouveau terme « Urwandlung » (2) (Archi-transformation), qui me semble bien formé et qui a, vraisemblablement toutes les chances de supplanter peu à peu l'ancien terme « Urzeugung » (Procréation), qui ne renferme que trop d'équivoque.

Quant aux expressions saprobiose, nécrobiose; elles ont l'avantage de désigner, d'une manière précise, ce que les anciens appelaient générations spontanées.

Parmi les autres dénominations, il me semble que c'est le terme archigonie, qui exprime le mieux ce que nous entendons au sens moderne, sous ces « générations directes de la nature », c'est-à-dire le phénomène de l'évolution des organismes les plus simples de la matière inorganique.

Je me servirai donc de cette désignation, quand il s'agira de la question comme elle se pose au sens restreint moderne, tandis que j'emploierai l'ancien terme de génération spontanée dans un sens plus général.

Maintenant se pose la question principale: quel rôle l'ar-

(1) « Philosophie zoologique », 2e vol., p. 59.
(2) Employé le premier par le Dr von der Porten.

chigonie joue-t-elle dans notre monisme? Il va sans dire qu'une philosophie qui proclame l'unité de l'univers, ne peut pas admettre, quelque part, l'existence d'un abîme infranchissable. Nous n'avons donc pas de choix. Il faut que nous admettions, sans que nous soyons actuellement à même de le prouver, une transition entre l'organique et l'inorganique.

L'archigonie est donc pour nous, monistes, une hypothèse nécessaire, malgré tout ce que peuvent dire ceux qui prétendent qu'on puisse être moniste sans admettre cette hypothèse. Pour ces gens-là, le monisme est, et restera peut-être toujours « un livre à sept cachets », car nier l'archigonie, ce serait admettre une origine surnaturelle de la vie, ce serait recourir au miracle.

« On continuera de mettre à la place des vérités qu'on eût pu saisir, ces fantômes de notre imagination et ce merveilleux qui plaisent tant à l'esprit humain (1). »

Mais, pour ce merveilleux, pour ces miracles, il n'y a pas de place dans le monisme.

Que, d'ailleurs, la croyance scientifique à l'archigonie découle nécessairement de la grande loi de la permanence de la substance, c'est Nägeli qui l'a reconnu. Il dit : « La formation de l'organique à partir de l'inorganique est, en première ligne, non *pas une question d'expérience ou d'expérimentation*, mais un fait, qui est une conséquence de la loi de conservation de la matière et de l'énergie. Du moment que tout, dans la vie matérielle, se tient suivant une causalité primordiale et que tous les phénomènes se suivent d'après un ordre naturel, il faut que les organismes qui sont formés de la même matière et se résolvent en définitive, aussi en cette même matière ,soient constitués par cette nature inorganique et proviennent primordialement de combinaisons inorganiques. »

J'ai souligné les mots « pas une question d'expérience ou d'expérimentation », car c'est aussi mon avis, et Lamarck a raison, quand il dit :

« Prétendre tout connaître par la voie des expériences, ou

(1) « Philosophie zoologique », 1er vol., p. 360.

« que toutes les connaissances, où nous pouvons atteindre, « ne peuvent être acquises que par cette voie, c'est témoigner qu'on n'a pas observé la nature, c'est manquer de « philosophie (1). »

Le désir d'échapper à ce dilemme: ou bien admettre l'archigonie, ou bien avoir recours à une intervention surnaturelle, a fait naître plusieurs hypothèses, parmi lesquelles celle de Diderot, d'après laquelle « l'animalité avait, de toute « éternité, ses éléments particuliers épars et confondus dans « la masse de la matière », et celle des météorites ou cosmozoaires, défendue par Justus von Liebig, sont les plus connues, La dernière qui, d'après la remarque très juste de Weismann, ne fait que reculer le problème, que de le transplanter sur une autre planète, ne nous servirait pas à grand'chose, car il ne serait peut-être pas très facile à la science humaine de transmettre le champ de ses investigations sur le Mars.

Restons donc sur notre chère mère, la terre, multiplions nos recherches, nos expériences, et, tôt ou tard, l'intelligence humaine ne manquera pas de lui arracher le plus grand de ses secrets.

Abordons maintenant les idées de Lamarck sur les « générations spontanées », et voyons quel caractère elles ont de commun avec notre hypothèse moniste de l'archigonie.

On sait que Lamarck s'est fait un des défenseurs les plus ardents de ces générations directes de la nature. Mais aussi paradoxale que cette assertion puisse paraître, vu le caractère foncièrement moniste de la question, je ne peux pas m'empêcher de constater que ses idées à l'égard de la transition de l'inorganique à l'organique, montrent encore des traces dualistes.

J'espère prouver cette allégation au cours de ce chapitre.

Avant d'aborder le problème de l'origine de la vie, il est indispensable de se poser une question préliminaire. Il faut

(1) « Recherches sur l'organisation », p. 102.

se demander : Qu'est-ce que la vie? Comment définir ce mouvement vital qui distingue la matière vivante de la matière inorganique?

Lamarck s'est posé cette question à plusieurs reprises, mais sans oser, d'abord, y répondre d'une manière décisive. Il se demande :

« La vie, est-ce la présence d'un être particulier, distingué « du corps qui en est vivifié ? Est-ce l'âme, enfin, qui la cons- « titue ? » Et il continue :

« Pour moi, sans rien rejeter de ce qui tient à la croyance « religieuse, ni de ce qu'il peut être consolant pour l'homme « de bien de se persuader, je dirai que ce genre de considé- « ration est absolument étranger à mon sujet (1). »

Or, la raison que ce genre de considération est absolument étranger à son sujet, ne me paraît pas très convaincante, car ceux qui connaissent un peu Lamarck, savent qu'il affectait assez particulièrement ce qu'il appelle ses « digressions utiles ».

Je ne crois donc pas que la répugnance à parcourir un terrain étranger à son sujet, fût la véritable raison de s'abstenir de conclure sur le point qui nous intéresse. Il me semble plutôt qu'il avait le pressentiment que ce terrain « étranger à son sujet », n'était pas sans danger. Il finit donc sa phrase par ces belles paroles dualistes :

« Parce que l'âme immortelle de l'homme et l'âme péris- « sable des bêtes ne peuvent m'être connues physique- « ment. »

Dans ses « Recherches sur les causes des principaux faits physiques », il oublie un peu sa sage prudence: « D'abord, « nous croyons qu'il n'est pas possible qu'une cause physi- « que quelle qu'elle soit, ait jamais pu donner lieu à l'exis- « tence des êtres organiques, et, en un mot, nous pensons « que les diverses sortes de matières qui existent, n'ont pu, « dans telles circonstances qu'on pourrait imaginer, produi- « re un seul composé doué de la vie. »

Maintenant, on pourrait pressentir que Lamarck va recon-

(1) « Mémoires de Physique et d'Histoire naturelle », p. 254.

naître la possibilité d'une telle origine de la vie. Mais on se trompe. Il continue:

« Ainsi, ce qui constitue l'essence de la vie d'un être orga-
« nique, est vraisemblablement un principe à jamais incon-
« cevable à l'homme, ou au moins un principe, dont la con-
« naissance paraît devoir aussi bien échapper à ses recher-
« ches physiques que celle de la cause de l'existence de la
« matière et l'activité générale répandue dans la nature (1). »

Ce « vraisemblablement à jamais inconcevable à l'homme » sent un peu trop « l'ignorabimus », quoique cet ignorabimus dans la bouche d'un Lamarck, vers la fin du XVIIIe siècle, soit beaucoup plus compréhensible que celui d'un Emile du Bois-Reymond, qui l'a prononcé presque un siècle plus tard.

Et, d'ailleurs, ce « nous ne saurons pas », de Lamarck, n'a aucune ressemblance avec un dogme invétéré comme celui d'E. du Bois-Reymond ; il se trouve, au contraire, en lutte avec sa conviction que l'intelligence humaine est capable d'aborder les problèmes les plus difficiles. Il continue :

« Il n'en est pas de même, à ce qu'il nous semble, de
« la cause physique qui entretient la vie des êtres organi-
« ques, de celle qui donne lieu à leur développement, et en-
« fin, de celle qui produit leur mort inévitable: Les facultés
« de l'homme son génie, et les connaissances dont il est vrai-
« ment susceptible, lui permettent, sans doute, de porter jus-
« ques-là ses recherches et de faire d'utiles tentatives pour
« pénétrer ces secrets importants. »

Et dans ses « Recherches sur l'organisation des corps vivants », il manifeste la conviction que le « naturaliste-philosophe » a le droit et le devoir de faire ces tentatives, car:

« Essayer, comme naturaliste, de chercher quelle peut
« être l'origine des corps vivants et comment ils ont été for-
« més, ce n'est une témérité condamnable qu'aux yeux du
« vulgaire et de l'ignorant et non à ceux du véritable philo-
« sophe (2). »

(1) « Recherches sur les causes des principaux faits physiques », 2e vol., p. 185.

(2) « Recherches sur l'organisation », p. 69.

Un peu plus loin, il affirme que « la vie est un phénomène « très naturel, un fait physique (1) ».

Le voilà donc arrivé à une conception purement moniste de la vie, et l'on voudrait bien qu'il se fût arrêté là, mais, malheureusement, il a, comme tant d'autres, le désir de donner une définition.

Le produit de ses efforts pour définir la vie se trouve dans la « Philosophie zoologique », où il dit: « La vie, dans les « parties d'un corps qui la possède, est un ordre et un état « de choses qui y permettent des mouvements organiques; « et ces mouvements qui constituent la vie active, résultent « de l'action d'une cause stimulante qui les excite (2). »

Cette définition qui, quelquefois, avec de petites variations, revient très souvent dans ses ouvrages, ne peut guère satisfaire. C'est un enfant trop banal, indigne de son père. Elle n'est ni inférieure, ni supérieure aux définitions innombrables qu'on a tenté de donner d'un phénomène qui se prête aussi peu que possible à une définition exacte.

Je ne crois donc pas qu'on ait gagné grand'chose à la connaissance de « cet ordre et état de choses », cette partie de la définition étant presque aussi vague que le terme « vie » lui-même.

Après avoir énoncé ce en quoi consiste pour lui la vie, il procède à la distinction des corps qui, précisément, par la présence ou l'absence de ce phénomène, ont été toujours considérés comme deux catégories foncièrement différentes et nullement comparables.

Et ici, je ne puis m'empêcher de constater ou une contradiction flagrante de Lamarck, ou une incapacité totale de ma part à le comprendre, deux choses, l'une aussi triste que l'autre.

Il s'agit, d'une part, de ce fait que Lamarck voit un « hiatus immense » entre l'organique et l'inorganique, et, d'autre part, qu'il admet les générations spontanées. Je me de-

(1) « Recherches sur l'organisation », p. 70.
(2) « Philosophie zoologique », 1er vol., p. 390.

mande en vain, comment il pouvait, comme défenseur des générations directes, insister avec tant d'énergie, sur l'impossibilité du passage de la matière inorganique à la matière vivante. On se convaincra de ce fait, sans trop de peine, en jugeant les passages suivants :

« On conçoit que les corps bruts et que les matières inor-« ganiques quelconques sont, d'après ce que je viens de « dire, infiniment distingués des êtres vivants : *que leur ori-« gine ne peut pas être la même;* que leur durabilité quelle « qu'elle soit, dépend de leur état, de leur nature et des « circonstances de leur situation, et non d'aucune réparation « intérieure opérée par fonctions de parties. En un mot, on « conçoit que ces deux sortes d'êtres (les corps vivants et « les corps bruts), ne peuvent pas être présentés comparati-« vement sur une même ligne, en forme de chaîne continue, « parce qu'il y a une distance infinie des uns aux autres.

« C'est donc sans fondement qu'on a dit qu'il n'y a point « de sauts dans la nature, que tout y est gradué et nuancé, « et qu'une chaîne immense unit tous les êtres. Il n'y a cer-« tainement aucune union, aucune nuance à découvrir entre « les êtres vivants et les corps bruts ou inorganiques (1). »

La même conviction ferme qu'une « distance infinie » sépare l'inorganique de l'organique, réapparaît dans la « Philosophie zoologique » et dans l' Introduction des « Animaux sans vertèbres ».

Il s'exprime ainsi, par exemple, dans le premier ouvrage :

« On peut dire qu'il se trouve entre les matières brutes et « les corps vivants, un hiatus immense, qui ne permet pas « de ranger sur une même ligne ces deux sortes de corps « ni d'entreprendre de les lier par aucune nuance, ce qu'on « a vainement tenté de faire (2). »

Et dans un autre passage du même ouvrage :

« Quelle inconvenance de la part de ceux qui voudraient « trouver une liaison et, en quelque sorte, une nuance entre « certains corps vivants et des corps inorganiques ! (3). »

(1) « Mémoires de Physique et d'Histoire naturelle », p. 318.
(2) « Philosophie zoologique », 1er vol., p. 106.
(3) « Philosophie zoologique », 1er vol., p. 373.

D'après de tels passages, il me semble que Lamarck n'eût pas accueilli avec grand enthousiasme les tentatives modernes de Häckel et d'Ostwald, pour rapprocher les cristaux avec les bactéries, et les chromacées, et pour démontrer l'analogie entre la multiplication et la régénération de ces protozoaires et la croissance et la cicatrisation des cristaux.

Dans les « Animaux sans vertèbres », Lamarck s'appesantit presque davantage encore sur ce « hiatus immense ». Il dit :

« Aussi, ces deux sortes de corps comparés, présentent une « si grande différence dans tout ce qui les concerne, qu'*il* « *n'est pas possible de trouver un seul motif raisonnable pour* « *supposer que la nature ait pu les réunir quelque part, c'est-* « *à-dire, passer des uns aux autres par une véritable nuan-* « *ce* (1). »

Et dans un autre passage:

« Nous savons actuellement que, comme corps vivants, les « animaux, même les plus imparfaits, ne peuvent être con- « fondus avec les corps inorganiques; et qu'aucun animal, « quelque imparfait qu'il soit, quelque simple que soit son « organisation, ne fait nuance avec aucun des corps, en qui « le phénomène de la vie ne peut se produire (2). »

Je pourrais multiplier le nombre des extraits, où surgit « l'hiatus immense », la « distance infinie », mais il me semble que les passages cités, dont le langage précis ne laisse aucun doute sur l'opinion de Lamarck, suffisent largement pour prouver qu'il voit, en effet, un abîme infranchissable entre la matière inorganique et la matière vivante.

Dans son « Système analytique », un de ses derniers ouvrages, se trouve le passage suivant, qui est en contradiction flagrante avec ceux que j'ai cités tout à l'heure. Il dit :

« Tels sont les caractères essentiels des corps inorgani- « ques, de ces corps qui, n'ayant point d'organisation inté- « rieure, et dont l'individualité spécifique ne consiste que dans « leur molécule intégrante, ne sauraient posséder la vie.

(1) « Animaux sans vertèbres », Introduction, p. 38.
(2) « Animaux sans vertèbres », Introduction, p. 81.

« Cependant, lorsque, parmi ces corps, il s'en trouve qui « sont dans l'état gélatineux et qui ne sont pas complètement « homogènes, la nature a les moyens de les organiser direc-« tement, d'y exciter des mouvements vitaux, et de leur don-« ner l'individualité spécifique. *Ceux-ci sortent donc alors de « la catégorie des corps inorganiques, sont transformés en « corps vivants*, et c'est par eux que la nature a commencé « l'institution, soit du règne végétal, soit du règne ani-« mal (1). »

D'après ces allégations, je me demande en vain: S'il n'y a pas nuance entre l'inorganique et l'organique, s'il n'y a pas évolution de l'un vers l'autre, qu'y a-t-il donc alors ?

Est-ce le miracle ?

D'après un passage des « Recherches », on pourrait presque le croire. Il y parle d'organisations, « dont la simplicité « a pu être si grande qu'elle s'est trouvée à la portée de la « puissance créatrice de la nature (2) ».

Cette « puissance créatrice de la nature », m'a quelque chose de très anthropomorphe, et j'ai même le sentiment qu'il se cache peut-être derrière elle la « volonté suprême ».

Vu l' « hiatus immense », la « distance infinie », on ne s'étonne guère que Lamarck se soit plu, très souvent, à énumérer un très grand nombre de différences entre les deux sortes de corps; il le fait, par exemple, avec beaucoup de détails dans sa « Philosophie zoologique », 1er vol., p. 367, etc. Il insiste surtout sur la différence du mode d'après lequel s'opère la croissance des substances minérales et celle des êtres vivants. Il dit :

« Le corps de cet être vivant n'a point été formé par jux-« taposition, comme la plupart des substances minérales, « c'est-à-dire par l'apposition externe et successive de parti-« cules agrégées en masse par l'attraction, mais essentiel-

(1) « Système analytique », p. 102.
(2) « Recherches sur l'organisation », p. 65.

« lement formé par la génération dans son principe; il s'est « ensuite accru par intus-susception, c'est-à-dire par l'intro- « duction, le transport et l'apposition interne de molécules « essentielles, chariées et déposées entre ses parties (1). »

Si Lamarck insiste sur ce point, il le fait avec raison, car cette différence entre le mode de croissance des substances minérales et celui des êtres vivants est, en effet, essentielle, et aujourd'hui, nous savons même que l'assimilation est le seul phénomène par lequel se distingue la matière vivante de la matière inorganique.

Lamarck constate le fait de cette différence essentielle, mais il ne se demande pas à quoi pourrait tenir cette différence, il ne se dit pas que ce mode particulier de croissance n'est peut-être qu'une simple conséquence de la nature, de la composition chimique de ces corps, les organismes permettant l'intus-susception par l'état colloïde, dans lequel se trouve ou leur corps entier, ou, au moins, certaines de leurs parties.

Donc, en ce qui concerne sa comparaison de l'organique et de l'inorganique, la tendance générale de Lamarck à rapprocher les corps les uns des autres, à s'appesantir sur ce qu'ils ont de commun, de semblable, et à chercher la cause de leur dissemblance dans des facteurs de second ordre, cette tendance qui se manifeste surtout dans ses conceptions en zoologie, l'abandonne ici totalement.

Il me semble que, nulle part, ni dans les nombreux passages, où il parle de « l'Auteur de toutes choses », comme première cause de tout ce qui existe, ni dans ceux, où il vante sa « sagesse infinie », nulle part ne se manifeste plus évidemment ce que la philosophie de Lamarck a conservé de dualiste.

Et vu ces traces dualistes, vu cette ferme conviction de l'existence d'un « hiatus immense ». entre l'organique et l'inorganique, on se demande toujours, comment le philosophe pouvait admettre en même temps la génération spon-

(1) « Mémoires de Physique et d'Histoire naturelle », p. 250.

tanée. C'est une contradiction en soi, car si la matière organique n'a pas pris naissance dans la matière inorganique, si elle ne se liè nulle part à cette matière, si l'origine de la matière vivante n'est pas la même que celle de la matière non vivante, quelle sera donc alors son origine ?

Encore un petit pas, et l'on est arrivé au miracle, enfant chéri de la foi, à l'intervention d'une force surnaturelle, à « la puissance créatrice de la nature », et nous voilà nageant dans le dualisme le plus pur.

On ne se trompe peut-être pas si l'on cherche la cause de l'exagération de Lamarck, à l'égard de la distance entre l'organique et l'inorganique, en partie dans la tendance de ses contemporains à le placer à côté de Bonnet.

C'est pour cela, à ce qu'il me semble, c'est pour marquer la distance entre ses conceptions et celles de ce philosophe, que Lamarck a poussé à l'extrême sa conviction, que les corps inorganiques sont bien distingués des êtres vivants, distinction que, d'ailleurs, nul ne conteste.

Qu'on juge la vérité de cette assertion, d'après le passage suivant:

« Depuis que j'ai mis ce fait en évidence, on a supposé que « j'entendais parler de l'existence d'une chaîne non interrompue, que formeraient, du plus simple au plus composé, « tous les êtres vivants...

« On a même supposé que je voulais parler d'une chaîne « existante entre tous les corps de la nature, et l'on a dit que « cette chaîne graduée n'était qu'une idée reproduite, émise « par Bonnet, et depuis, par beaucoup d'autres.....

« Assurément, je n'ai parlé, nulle part, d'une pareille « chaîne : je reconnais partout, au contraire, qu'il y a une « distance immense entre les corps inorganiques et les corps « vivants, etc. (1). »

Au demeurant, que faut-il entendre par cette génération

(1) « Animaux sans vertèbres », Introduction, p. 129.

spontanée de Lamarck, cette génération directe qui, d'après ce qui précède, est marquée d'un caractère un peu mystérieux.

En général, les conceptions de Lamarck à l'égard de cette question se rapprochent cependant beaucoup de la conception moderne de l'archigonie.

Quant à cette erreur de Lamarck, admettant que les vers intestinaux naissent, eux aussi, par génération spontanée, cette opinion erronée est explicable et excusable, car au temps de Lamarck, la question de l'origine de ces parasites était encore entourée d'une obscurité profonde, et ce n'est qu'au milieu du dernier siècle que Küchenmeister et Leuckart ont prouvé les différents stades que parcourt le ténia, et sa transmission du porc à l'homme (1).

Cette erreur s'explique encore plus facilement, si l'on se rend compte que Lamarck admet un double commencement du règne animal, une branche commençant par les infusoires et l'autre par les vers. Il dit :

« Cette série d'animaux, commençant par deux branches, « où se trouvent les plus imparfaits, les premiers de cha- « cune de ces branches ne reçoivent l'existence que par gé- « nération directe ou spontanée (2). »

Les générations spontanées de Lamarck n'ont rien de commun avec celles des anciens; cela ressort de beaucoup de passages:

« Les anciens, sans doute, donnèrent une extension trop « grande aux générations spontanées, dont ils n'eurent que « le soupçon, ils en firent de fausses applications, et il fut « facile d'en montrer l'erreur. Mais on n'a nullement prouvé « qu'il ne s'en opérait aucune, et que la nature n'en produi- « sait point à l'égard des organisations les plus simples (3). »

(1) Il est très amusant que Quatrefages dans ses « Métamorphoses », considère cette question de l'origine des vers intestinaux, comme « le dernier argument invoqué en faveur des générations spontanées », et qu'il croit que « les découvertes relatives à la généagenèse sapent jusque dans ses derniers fondements, la doctrine de la génération spontanée ».

(2) « Philosophie zoologique », 2e vol., p. 425.

(3) « Animaux sans vertèbres », Introduction, p. 178.

C'est surtout chez les infusoires que Lamarck croit ces générations directes possibles.

« Enfin, les animalcules qui terminent le dernier ordre des « polypes (1), ne sont plus que des points animalisés, que « des corpuscules gélatineux, transparents, d'une forme très « simple et contractiles dans tous les sens.

« C'est parmi eux, sans doute, que se trouvent les pre« mières ébauches de l'animalité opérées directement par la « nature, en un mot, les générations spontanées (2). »

Sans doute, il se manifeste quelquefois chez Lamarck, une certaine tendance à aller plus loin. Cette tendance peut se déduire, par exemple, d'un passage de la « Philosophie zoologique », 2e vol., p. 82, mais ce ne sont là, cependant, que de simples suppositions. En réalité, il n'admet ces générations directes que pour les organismes les plus simples et pour les vers intestinaux.

Après avoir répondu à cette question: à quel point de l'échelle animale ces générations peuvent-elles se produire ? Lamarck se pose l'autre question non moins importante: dans quelles circonstances ces générations pourraient-elles s'opérer ? et il trouve que la première condition tout à fait indispensable pour la « vitalisation » d'un corps est que ce corps soit à l'état gélatineux ou mucilagineux, ce que nous appelons aujourd'hui état colloïde.

Il dit à cet égard :

« La nature n'établit la vie que dans des corps alors dans « l'état gélatineux ou mucilagineux, et assez souples dans « leurs parties pour se soumettre facilement aux mouve« ments qu'elle leur communique à l'aide de la cause excita« trice, dont j'ai déjà parlé, ou d'un stimulus que je vais « essayer de faire connaître (3). »

Un peu plus loin, il désigne la matière, susceptible d'être

(1) Plus tard, Lamarck a séparé ces protozoaires les plus simples des polypes, sous le nom d'infusoires.

(2) « Recherches sur l'organisation des corps vivants », p. 36.

(3) « Philosophie zoologique », 2e vol., p. 65.

« vitalisée », par la génération spontanée, avec plus de précision.

« Toute masse de matières, en apparence homogène, « d'une consistance gélatineuse ou mucilagineuse, et dont les « parties, cohérentes entre elles, seront dans l'état le plus « voisin de la fluidité, mais auront seulement une consistan- « ce suffisante pour constituer des parties contenantes, sera « le corps le plus approprié à recevoir les premiers traits « de l'organisation et la vie (1). »

D'après ces extraits, il est évident que Lamarck a reconnu, quelle haute importance il faut attribuer à l'état colloïde comme condition principale pour la vitalisation d'un corps.

Si cette première condition est donnée, il s'agit de savoir, comment cette petite masse, appropriée à être organisée, s'animalise ou se végétalise.

Lamarck répond à cette question de la manière suivante.

« Toute l'opération de la nature, pour former ses créations « directes, consiste à organiser en tissu cellulaire, les peti- « tes masses de matière gélatineuse ou mucilagineuse qu'elle « trouve à sa disposition et dans des circonstances favora- « bles; à remplir ces petites masses celluleuses de fluides « contenables et à les vivifier, *en mettant ces fluides conte- « nables en mouvement, à l'aide de fluides subtils excita- « teurs*, qui y affluent sans cesse des milieux environ- « nants (2). »

Le plus important de ces fluides subtils excitateurs, c'est la chaleur : « la chaleur, cette mère des générations, cette « âme matérielle des corps vivants, a pu être le principal des « moyens qu'emploie directement la nature pour opérer sur « les matières appropriées un acte de disposition des parties, « d'ébauche d'organisation, et par suite, de vitalisation ana- « logue à celui de la fécondation sexuelle (3). »

Quant à cette action vitalisante de la chaleur, il est à regretter que Lamarck n'ait pas reconnu que cette vitalisation n'est qu'une transformation de l'énergie thermique en éner-

(1) « Philosophie zoologique », 2e vol., p. 79.
(2) « Philosophie zoologique », 1er vol., p. 362.
(3) « Recherches sur l'organisation », p. 102.

gie mécanique, car les mots en italique, nous montrent qu'il n'était plus très loin de cette grande vérité de la transformation des forces naturelles.

Si la chaleur joue dans l'acte de vitalisation le premier rôle, l'importance que Lamarck attribue à l'influence de l'électricité, est presque aussi grande, opinion, confirmée jusqu'à un certain degré par beaucoup d'expériences récentes sur le galvanotropisme marqué de la plupart des protozoaires.

C'est donc par la chaleur et l'électricité que s'opère la vitalisation des organismes les plus simples.

« Il me paraît que le calorique et la matière électrique suf-
« fisent parfaitement pour composer ensemble cette cause
« essentielle de la vie, l'un en mettant les parties et les flui-
« des intérieurs dans un état propre à son existence, et l'au-
« tre en provoquant, par ses mouvements dans les corps, les
« différentes excitations qui font exécuter les actes organi-
« ques et qui constituent l'activité de la vie (1). »

Quant au parallèle que Lamarck tire entre la fécondation sexuelle et la génération spontanée qu'il appelle même « fé-
« condation de la nature (2) », il montre trop de points faibles pour pouvoir nous satisfaire.

Comme troisième facteur indispensable à l'opération des générations spontanées, Lamarck indique l'humidité.

Il dit, par exemple:

« Une des conditions essentielles à la formation de ces
« premiers linéaments d'organisation est la présence de
« l'humidité (3). »

Et dans un autre passage:

« Il est si vrai que ce n'est uniquement qu'à la faveur de
« l'humidité que les corps vivants les plus simples peuvent
« se former et se renouveler perpétuellement, que tous les

(1) « Philosophie zoologique », 2e vol., p. 15.

(2) « Recherches sur l'organisation », p. 111. Dans ce parallèle, une « vapeur fécondante », imaginaire joue un très grand rôle.

(3) « Recherches sur l'organisation », p. 105.

« infusoires, tous les polypes et toutes les radiaires ne se ren-
« contrent jamais que dans l'eau; en sorte qu'on peut re-
« garder comme une vérité de fait que c'est exclusivement
« dans ce fluide que le règne animal a pris son origine (1). »

On sait que c'est une idée très ancienne, déjà émise par Thalès, que le règne animal a pris sa naissance dans les eaux; elle a traversé plusieurs dizaines de siècles, a été exagérée quelquefois, comme par De Maillet, qui croyait même que les hommes eussent été originairement marins, mais actuellement, on la considère comme une des mieux fondées, de sorte qu'elle joue maintenant dans la science un rôle assez important. Le proverbe qui prétend qu'on revient toujours à ses premières amours, a donc cette fois eu raison. En admettant même que ni le pauvre Bathybius Häckelii ni le « Urschleim ». d'Oken n'existent nulle part, il nous faudrait, néanmoins, toujours chercher l'origine de la vie dans les eaux.

C'est donc une vérité, entrevue depuis tant de siècles, qui s'est vérifiée par la science moderne. Espérons que l'archigonie se vérifiera de même, par la science future.

Un dernier mot sur l'opinion de Lamarck, que les plus simples des organismes se forment encore de nos jours.

Il dit que des produits directs de la nature « se forment
« tous les jours, lorsque les circonstances y sont favora-
« bles (2). »

Cette idée revient à plusieurs reprises:

« C'est uniquement parmi les animaux de cette classe que
« la nature paraît former des générations spontanées ou di-
« rectes qu'elle renouvelle sans cesse, chaque fois que les
« circonstances y sont favorables (3). »

Il croit même que ces générations spontanées s'opérant encore actuellement, sont, pour ainsi dire ,une nécessité.

Il dit à cet égard:

(1) « Philosophie zoologique », 2e vol., p. 78.
(2) « Recherches sur l'organisation », p. 120.
(3) « Philosophie zoologique », 1er vol., p. 214.

« Ce qui autorise à penser que les infusoires ou que « la plupart de ces animaux ne doivent leur existence qu'à « des générations spontanées, c'est que ces frêles animaux « périssent tous dans les abaissements de température qu'a- « mènent les mauvaises saisons (1). »

Il a été prouvé depuis, que cette opinion de Lamarck n'est pas fondée par des expériences qui ont, au contraire, démontré la résistance vitale tout à fait extraordinaire de la plupart des protozoaires.

Mais si son argumentation, pour prouver ces générations directes actuelles, ne vaut pas grand'chose, la possibilité que de telles générations s'opèrent encore aujourd'hui existe sans doute. Cette hypothèse a même trouvé quelques partisans, parmi lesquels Büchner, est un des plus illustres.

Quant à moi, cette hypothèse ne me semble pas très admissible, parce qu'il est peu vraisemblable que ces organismes monériens, formés tous les jours, aient évolué de la même manière que les premières monères, qui ont peuplé notre globe. Il faudrait donc, pour être conséquent, admettre la formation de plusieurs, sinon d'une multitude immense de chaînes animales et végétales, ce qui est contredit par les faits.

En résumé: Lamarck, en voyant un « hiatus immense », une « distance infinie » entre la matière inorganique et la matière vivante, se met, par là, en contradiction avec sa conception de la génération spontanée des animaux et végétaux les plus simples.

En attribuant à la chaleur le rôle le plus important dans la « vitalisation » de la matière, il a entrevu la grande vérité moniste de la transformation des forces naturelles, c'est-à-dire du mouvement universel.

Les conceptions de Lamarck à l'égard de la question de l'origine de la vie portent donc un caractère un peu équivoque; à côté de traits purement monistes, nous en trouvons d'autres qui décèlent que les idées dualistes de ceux qui ont vécu et pensé avant lui, ont laissé des traces dans sa mentalité.

(1) « Philosophie zoologique », 1er vol., p. 214.

CHAPITRE IV

Parallèles entre Végétaux et Animaux

Un des corollaires de la conception moniste de l'univers est l'unité de tout ce qui vit.

Tous les êtres vivants sont reliés entre eux, et s'il y a des organismes qui nous paraissent isolés, c'est parce que les chaînons intermédiaires se sont perdus au cours de milliers de siècles.

Cette idée de l'unité de l'organique nous est devenue si familière que le temps, où l'on voyait encore un abîme entre les deux règnes des corps vivants, nous semble bien loin. Cependant, quelques dizaines d'années se sont à peine écoulées que l'opinion de l'existence de cette ligne de démarcation infranchissable entre l'animal et le végétal était une des plus répandues: et aussi incroyable que cela puisse paraître, Lamarck partageait cette opinion. J'espère l'établir au cours de ce chapitre. Je suis obligée d'insister sur ce point, ayant trouvé dans plusieurs ouvrages, surtout allemands, l'opinion que Lamarck n'admettait qu'une seule chaîne reliant entre eux tous les êtres vivants.

Il y a quelques jours, je lisais, par exemple, dans une brochure du professeur Ludwig Plate, successeur de Häckel à l'Université d'Iéna, brochure contenant le discours qu'il a prononcé le 12 février en l'honneur de Darwin, la phrase suivante :

« Je parle de Lamarck, fondateur génial de la théorie de la « descendance, dans la « Philosophie zoologique » duquel, « parue il y a un siècle, l'idée qui vivait déjà depuis long-« temps dans les têtes de divers naturalistes en formes va-« gues, *l'idée que tous les êtres vivants forment une chaîne* « *unique* et que tous les organismes mieux organisés ont

« évolué d'êtres plus simples, fut la première fois nettement « formulée et explicitement prouvée. »

On voit donc que l'idée foncièrement fausse, qui attribue à Lamarck la conception d'une seule chaîne, réunissant tout ce qui vit, est en train de se répandre de plus en plus en Allemagne.

Sans doute, Lamarck fait une différence entre « l'hiatus immense » qui, à son avis, sépare l'organique et l'inorganique, et la ligne de démarcation qui, d'après son opinion, se trouve entre l'animal et le végétal, car il dit : « Les corps de « chacune de ces sortes (végétaux et animaux), offrent en- « tre eux une si grande différence dans l'état et les phéno- « mènes de leur organisation, qu'il est facile de faire voir « que la nature a établi, entre les uns et les autres, une li- « gne de démarcation frappante. Ce n'est, néanmoins, qu'une « ligne de démarcation tranchée, et non un intervalle consi- « dérable, comme celui qui sépare les corps inorganiques des « corps vivants (1). »

Et c'est sur cette ligne de démarcation tranchée, qu'il insiste toujours.

Que Lamarck s'oppose énergiquement à l'idée, alors généralement répandue, que les polypes sont des zoophytes, des animaux-plantes, cela ne nous étonne guère, le caractère animal des polypes n'étant plus contesté par personne.

Il dit à cet égard :

« Il n'est point du tout convenable de donner aux polypes « le nom de zoophytes, qui veut dire animaux-plantes, parce « que ce sont uniquement et complètement des animaux (2). »

Quant à l'impossibilité d'établir un rapprochement des deux règnes par les polypes, nous sommes donc tout à fait d'accord avec lui, mais il n'en est pas de même, lorsqu'il ne veut pas admettre ce rapprochement par les organismes les plus simples.

Il y a cependant quelques passages, où il s'occupe de la

(1) « Animaux sans vertèbres », Introduction, p. 82.
(2) « Philosophie zoologique », 1er vol., p. 211.

possibilité d'un tel rapprochement, mais l'opinion qu'il émet, reste toujours une simple supposition.

Il dit, par exemple :

« S'il y a nuance en ce point, on ne pourra s'empêcher « de convenir qu'au lieu de former une chaîne, les végétaux « et les animaux présentent deux branches distinctes et réu- « nies par leur base, comme les deux branches de la lettre « V. »

Jusqu'ici, on est d'accord avec Lamarck, mais il continue: « *Mais je vais faire voir qu'il n'y a point de nuance dans « le point cité;* que chacune des branches dont je viens de « parler se trouve réellement séparée de l'autre à sa base, « et qu'un caractère positif, qui tient à la nature chimique « des corps sur lesquels la nature a opéré, fournit une dis- « tinction éminente entre les êtres qu'embrasse l'une de ces « branches, et ceux qui appartiennent à l'autre (1). »

Dans d'autres passages, où il parle d'un rapprochement des deux règnes à la base, il ne le fait que « sous le rap- « port de la simplicité d'organisation des êtres qui s'y trou- « vent (2) », rapprochement, sans doute, trop superficiel, trop extérieur pour être pris en considération.

J'ai trouvé un seul passage, où Lamarck se montre plus disposé à admettre une transition entre les deux règnes.

« Il est certain que si les végétaux pouvaient se lier et se « nuancer avec les animaux par quelque point de leur série, « ce serait uniquement par ceux qui sont les plus impar- « faits et les plus simples en organisation, que la nature au- « rait formé cette nuance en établissant un passage insensi- « ble des plantes les plus imparfaites aux animaux qui sont « dans le même cas (3). »

Ce passage se distingue, sans doute, des précédents par un langage qui fait entrevoir que l'auteur, malgré le commencement si conditionnel, malgré ce malheureux « si », est déjà assez disposé à prendre en considération la possibilité d'un tel rapprochement des deux règnes à la base.

(1) « Animaux sans vertèbres », Introduction, p. 84.
(2) « Animaux sans vertèbres », Introduction, p. 126 et 129.
(3) « Animaux sans vertèbres », Introduction, p. 83.

Mais, je le répète, c'est le seul passage, où la balance penche aussi fortement vers l'affirmative, tandis que les autres passages, qui nient strictement la possibilité d'un rapprochement des deux règnes, sont tellement nombreux qu'on n'a que l'embarras du choix.

« Tous les corps vivants connus, se partagent nettement « en deux règnes particuliers, fondés sur des différences es- « sentielles qui distinguent les animaux des végétaux, et « malgré ce qu'on en a dit, *je suis convaincu qu'il n'y a pas* « *non plus de véritable nuance par aucun point entre ces* « *deux règnes* (1). »

Et dans un autre passage, il dit :

« Les auteurs qui indiquent un passage insensible des « animaux aux végétaux par les polypes et les infusoires, « qu'ils nomment zoophytes ou animaux-plantes, montrent « qu'ils n'ont aucune idée juste de la nature animale, ni de « la nature végétale; et, abusés eux-mêmes, ils exposent à « l'erreur tous ceux qui n'ont de ces objets que des connais- « sances superficielles (2). »

Et, étonné de ce qu'on n'a pas encore trouvé un caractère absolument distinctif entre le végétal et l'animal, il s'écrie:

« Qui est-ce qui pourrait croire que, dans un siècle comme « le nôtre, où les sciences physiques ont fait tant de progrès, « une définition de ce qui constitue l'animal ne soit pas en- « core solidement fixée; que l'on ne sache pas assigner posi- « tivement la différence d'un animal à une plante; et que « l'on soit dans le doute à l'égard de cette question; savoir: « si les animaux sont réellement distingués des végétaux par « quelque caractère essentiel et exclusif? C'est, néanmoins, « un fait certain qu'aucun zoologiste n'en a encore présenté « qui soit véritablement applicable à tous les animaux con- « nus, et qui les distingue nettement des végétaux (3). »

D'après ce passage, on ne comprend pas que le fait de toutes les tentatives infructueuses des zoologistes n'ait pas suggéré à Lamarck l'idée qu'un tel caractère distinctif entre

(1) « Philosophie zoologique », 1er vol., p. 107
(2) « Animaux sans vertèbres », Introduction, p. 125.
(3) « Animaux sans vertèbres », Introduction, p. 7.

les végétaux et les animaux ne puisse vraisemblablement pas exister. Je démontrerai plus loin que Lamarck croit en avoir trouvé un dans l'irritabilité des animaux, propriété sur laquelle il insiste avec une énergie digne d'un meilleur sujet.

Dans le passage cité plus haut, il continue:

« De là les vacillations perpétuelles entre les limites du « règne animal et du règne végétal dans l'opinion des natu- « ralistes: de là même, l'idée erronée et presque générale « que ces limites n'existent pas, et qu'il y a des animaux- « plantes et des plantes-animales (1). » ,

Lamarck rejette donc l'opinion de l'existence d'une transition entre les deux règnes en bloc et voit, en effet, entre les végétaux et les animaux une ligne de démarcation infranchissable.

Nombre d'observations et d'expériences ultérieures, mais avant tout celles de Darwin et de Claude Bernard, ont prouvé avec toute évidence que cette conception dualiste de Lamarck est foncièrement erronée.

Dans ses « Leçons sur les phénomènes de la vie, communs aux animaux et plantes » Claude Bernard dit: « La physiolo- « gie générale qui ne considère la vie que dans ses phénomè- « nes essentiels et généraux, ne nous permet pas d'admettre « une dualité des animaux et des végétaux, une physiologie « animale et une physiologie végétale distinctes. Il n'y a « qu'une seule manière de vivre, qu'une seule physiologie « pour les êtres vivants: c'est la physiologie générale, qui « conclut à l'unité vitale dans les deux règnes. »

Et quant à Darwin, on pourrait presque dire que tous ses ouvrages bontaniques ne sont qu'une grande argumentation pour prouver tout l'artificiel de ces limites tirées arbitrairement entre l'animal et le végétal par l'ignorance humaine.

Toute l'inanité de la conception de Lamarck sur ce point se montre, d'ailleurs, dans le fait qu'il y a nombre d'organismes d'un caractère très équivoque que les zoologistes et les

(1) « Animaux sans vertèbres », Introduction, p. 8.

botanistes se sont pendant longtemps ou renvoyés ou disputés, d'après leur opinion et leur goût tout personnels.

Vu le fait que Lamarck n'admet nulle part une transition entre les deux règnes, on se demande: sur quoi cette conception d'une séparation absolue entre végétaux et animaux se base-t-elle ?

Le procédé de Lamarck, qui prétend prouver le bien-fondé de sa conception en démontrant des caractères distinctifs, ne vaut pas grand'chose, car, de tous ces caractères, la plupart sont plus ou moins artificiels et n'excluent nullement l'un ou l'autre des deux règnes.

Il s'efforce, par exemple, de trouver une distinction essentielle entre les deux règnes dans l'existence d'un nœud vital chez les plantes (1), c'est-à-dire de ce point de démarcation entre la végétation ascendante et la végétation descendante, qui, à son avis, ne correspond à rien d'analogue chez les animaux.

Ce quelque chose d'analogue, ce nœud vital des animaux, où, pour ainsi dire, se concentre le mouvement vital, a été trouvé depuis par Flourens. Donc, chez les uns comme chez les autres, ce foyer des mouvements vitaux existe.

Il considère comme une autre caractéristique des végétaux l'absence de la digestion, quoiqu'il ne conteste pas dans un autre passage, qu'elle manque également chez les animaux les plus simples (2). En outre, il émet l'opinion que les végétaux diffèrent des animaux par « la propriété très remarquable de combiner ensemble les éléments libres et d'être « la cause première de tous les composés qui existent dans « notre globe (3) ».

Certainement, cette propriété synthétique des végétaux est remarquable, mais pas du tout exclusive, et au lieu d'insister sur cette différence, n'aurait-il pas mieux fait de constater,

(1) « Philosophie zoologique », 1er vol., p. 376.
(2) « Philosophie zoologique », 1er vol., p. 280.
(3) « Recherches sur les causes des principaux faits physiques », 2e vol, p. 306.

au contraire, la grande uniformité des conditions nécessaires à tous les êtres vivants, les plantes comme les animaux ayant besoin de l'air, de la chaleur et de l'humidité.

Il trouve une autre distinction importante entre leurs principes composants, en attribuant au carbone, une prédominance absolue chez les plantes (1). Aujourd'hui, nous savons que c'est précisément le carbone qui forme le lien entre les deux règnes, et même entre l'organique et l'inorganique: nous savons que c'est le carbone qui, surtout dans les combinaisons si complexes des albuminoïdes, forme la base de toute matière vivante.

Donc, le caractère plus ou moins artificiel de toutes ces distinctions est évident, et Lamarck lui-même, paraît s'en être aperçu, car il n'y revient pas.

A la fin, il n'insiste que sur un seul point, sur l'irritabilité des animaux.

On sait que le terme irritabilité est une de ces dénominations à limites flottantes. Il faut donc se demander ce que Lamarck entend par là.

Il en donne la définition suivante: ,

« L'irritabilité est la faculté que possèdent les parties irri-
« tables des animaux de produire subitement un phénomène
« local (2). »

Il me semble que cette définition a un peu de ressemblance avec cette fameuse définition de la lumière, dont se moquait Pascal: « La lumière est un mouvement luminaire des « corps lumineux. » Mais, tout de même, il en ressort assez clairement que Lamarck considère comme caractère essentiel de l'irritabilité, la production de mouvements subits.

Aux termes de plusieurs autres passages, c'est surtout la contractilité de la partie irritable d'un animal qui j[illegible]e le plus grand rôle dans ses comparaisons des végétaux et des animaux. Lamarck est donc convaincu qu'il a trouvé dans l'irritabilité des animaux ce caractère distinctif par excellence entre les deux règnes.

Il dit :

(1) « Philosophie zoologique », 1er vol., p. 380.
(2) « Philosophie zoologique », 2e vol., p. 37.

« Je vais, en effet, montrer que les végétaux n'ont point
« dans leurs solides de parties véritablement irritables, sus-
« ceptibles de se contracter subitement.....

« Je prouverai ensuite que tous les animaux généralement ont dans leurs solides, des parties constamment irritables, subitement contractiles (1). »

Et un peu plus loin: ,

« Le point le plus essentiel à éclaircir, afin de détruire
« l'erreur qui a fait prendre une fausse marche à la science,
« consiste donc à prouver que les végétaux sont générale-
« ment dépourvus d'irritabilité dans leurs parties (2). »

Donc :

« L'irritabilité dans toutes ou dans certaines parties est le
« caractère le plus général des animaux (3) », et, en parlant des animaux les plus simples, Lamarck dit même:

« Ce ne sont des animaux que parce qu'ils sont irrita-
« bles (4). »

C'est donc pour lui un « fait positif que, hors des ani-
« maux, l'on ne trouve pas un seul exemple d'un mouvement
« produit par excitation: de ce mouvement singulier, tou-
« jours prêt à se renouveler, et dans lequel les rapports en-
« tre la cause et l'effet sont insaisissables; de ce mouve-
« ment enfin, qui semble lui-même offrir une réaction subite
« des parties contre la cause agissante, et qui ne ressemble
« nullement à aucun de ceux qui ont été observés dans les
« plantes (5) ».

En niant en bloc l'irritabilité des végétaux, Lamarck devait s'attendre à des objections concernant les sensitives.

Il donne à ces objections la réponse suivante:

« J'ai observé et examiné ces mouvements (des sensitives)

(1) « Animaux sans vertèbres », Introduction, p. 84.

(2) « Animaux sans vertèbres », Introduction, p. 88.

L'erreur dont il parle consiste dans les tentatives des savants collaborateurs du *Dictionnaire des Sciences naturelles*, de rapprocher les deux règnes.

(3) « Philosophie zoologique », 1er vol., p. 107.

(4) « Animaux sans vertèbres », Introduction, p. 251.

(5) « Animaux sans vertèbres », Introduction, p. 103.

« et je me suis convaincu que leur cause n'avait rien de com-
« parable à l'irritabilité animale (1). »

Et il est d'avis que les mouvements des animaux diffèrent essentiellement de ceux de ces plantes, parce que les animaux peuvent mouvoir « certaines de leurs parties sans l'im-
« pulsion d'aucun mouvement communiqué (2) ».

Ici, on a envie d'objecter: En effet! les animaux seulement? Et les plantes grimpantes? Et l'on voudrait vraiment souhaiter à Lamarck un peu de l'anthropomorphisme de Darwin, qui dit, par exemple, dans ses « Plantes grimpantes: « Là tige droite, se glissait lentement et insensiblement le long du bâton, de manière à devenir de plus en plus redressée, mais elle ne dépassait jamais le sommet. Alors, après un intervalle suffisant pour accomplir une demi-révolution, la tige s'éloigna subitement du bâton, tomba du côté opposé et reprit sa légère inclinaison première. Elle recommença, ensuite, son mouvement révolutif, de sorte qu'après une demi-révolution, elle vint de nouveau en contact avec le bâton, se glissa encore en haut, s'écarta de nouveau et tomba du côté opposé. *Ce mouvement de la tige avait une apparence très étrange, comme si elle était dégoûtée de son échec, mais bien résolue à essayer de nouveau.* »

Cependant, le sujet si intéressant des mouvements des plantes n'était pas étranger à Lamarck. Il suffira de lire le passage suivant :

« Les seuls mouvements subits qu'on observe dans certains
« végétaux, sont des mouvements de détente ou d'affaisse-
« ment de parties et quelquefois des mouvements hygromé-
« triques ou pyrométriques, qu'éprouvent certains filaments
« subitement exposés à l'air. Quant aux autres mouvements
« qu'exécutent les parties des végétaux, tels que ceux qui les
« font se diriger vers la lumière, ceux qui occasionnent l'ou-
« verture et la clôture des fleurs, ceux qui donnent lieu au
« redressement ou à l'abaissement des étamines, des pédon-
« cules, ou à l'entortillement des tiges sarmenteuses et des

(1) « Philosophie zoologique », 2e vol., p. 36.
(2) « Animaux sans vertèbres », Introduction, p. 110.

« vrilles; enfin, ceux qui constituent ce qu'on nomme le som-
« meil et le réveil des plantes; ces mouvements ne sont ja-
« mais subits; ils s'opèrent avec une lenteur qui les rend
« tout à fait insensibles; et on ne les connaît que par leurs
« produits effectués (1). »

En lisant ce passage et en le comparant aux autres cités plus haut, on a presque le sentiment que Lamarck s'est aveuglé volontairement, car si ces mouvements sont plus ou moins lents, la distinction qu'il veut établir par là entre les animaux et les plantes, n'est pas essentielle. S'il y a différence, ce n'est qu'une différence quantitative, différence qui s'explique sans la moindre difficulté par la prédominance dans les végétaux de cette substance hydrocarbonée que nous appelons cellulose et qui encroûte plus ou moins les cellules végétales.

De là s'explique également le peu de variabilité morphologique que possèdent les plantes en comparaison avec les végétaux, et si Lamarck constate que chez la sensitive il n'y a pas « la moindre contradiction, le plus léger changement « dans ses dimensions propres (2) », et qu il n'y a chez elle qu'une plication, c'est la composition chimique des plantes, différente de celle des animaux, qui nous donne l'explication de ce fait.

Par cette tendance à voir dans le caractère particulier des mouvements des animaux et des plantes une différence essentielle entre les deux règnes, Lamarck se mettait en opposition avec l'opinion de plusieurs des savants contemporains, surtout des collaborateurs du *Dictionnaire des Sciences naturelles*. Lamarck cite, à plusieurs reprises, des articles de cet ouvrage, articles, où se montre la tendance opposée à rapprocher les deux règnes et à attribuer même aux plantes une certaine conscience, à cause de leurs mouvements en général, mais surtout à cause de ceux qu'exécutent leurs racines pour procurer à la plante autant de nourriture que possible ou la nourriture la plus convenable.

Cette idée montre, d'ailleurs, une certaine parenté avec

(1) « Philosophie zoologique », 1er vol., p. 375.
(2) « Animaux sans vertèbres », Introduction, p. 94.

celle de Darwin, qui émet l'opinion que les plantes ne manifestent la faculté de se mouvoir que « dans le cas où elle « peut leur être utile, ce qui est comparativement rare, car « elles sont fixées au sol et leur nourriture leur est apportée « par l'air et la pluie ».

Sans doute, cette idée moniste, cette tendance à effacer la ligne de démarcation qu'on avait tirée si arbitrairement entre les deux règnes, en attribuant aux mouvements des animaux la valeur d'un caractère distinctif, se rapproche beaucoup plus de nos conceptions modernes que les idées dualistes de Lamarck sur ce sujet. Avec Claude Bernard, Darwin et tant d'autres, nous considérons l'irritabilité comme une propriété commune à toute la matière vivante et ne différant que par le degré de l'intensité de ses manifestations.

Et si Lamarck émet l'opinion que les animaux sont les seuls corps de la nature, susceptibles de se mouvoir « itératīvement à chaque provocation d'une cause excitante (1) », cette assertion est, jusqu'à un certain degré erronée, ce que Darwin, par exemple, a démontré par ses expériences sur *Passiflora gracilis* (Plantes grimpantes, p. 195), expériences qui ont donné pour résultat dans l'espace de 54 heures l'opération du même mouvement 21 fois répété.

Ici, se montre même une analogie évidente entre les deux règnes, car, de même que les réactions de cette plante devenaient de plus en plus faibles à mesure qu'on répétait l'excitation, ce qui, d'ailleurs, est également le cas chez d'autres plantes sensitives, de même, si l'on fait agir très souvent un excitant sur un animal, celui-ci finit par ne plus réagir du tout.

Mais, à l'époque, où écrivit Lamarck, on ne pensait pas encore à faire de telles expériences. Je suis donc loin de lui reprocher cette erreur : et je me borne à constater le fait.

Mais, tout en tirant cette ligne de démarcation entre les deux règnes des corps vivants, Lamarck ne manque pas d'attirer notre attention sur quelques analogies évidentes entre

(1) « Animaux sans vertèbres », Introduction, p. 113.

les animaux et les plantes, et il trouve que « rien, en effet, « n'est plus remarquable que l'analogie que l'on observe entre « certaines des opérations que la nature a exécutées dans ces « deux sortes de corps vivants (1) ».

Il constate, par exemple, l'analogie dans la réproduction des organismes les plus simples dans l'un et l'autre règne, reproduction qui s'opère, comme dit Lamarck, par « gemmation » ou bourgeonnement. Aujourd'hui, nous parlerions plutôt, dans ce cas, d'une sporulation. Il a remarqué cette analogie de très bonne heure, car déjà dans ses « Recherches sur l'organisation des corps vivants », il attire l'attention de ses lecteurs sur ce point et après avoir parlé des « gemmules » des champignons, des algues, etc., il constate que « dans les végétaux imparfaits comme dans les animaux « imparfaits, ou le plus simplement organisés, le plan de la « nature est constamment le même (2) ».

Comme une autre analogie frappante entre les deux règnes, il indique la suspension plus ou moins complète de la vie active, aussi fréquente chez les animaux que chez les végétaux, suspension qui se manifeste surtout dans l'engourdissement de beaucoup d'êtres vivants pendant l'hiver. Il attribue cette suspension au ralentissement des fluides intérieurs, produits ou par l'abaissement de la température ou par la dessiccation de l'organisme.

Il parle longuement de cette suspension de la vie, due à la dessiccation (3) et s'étend surtout avec beaucoup de détails sur les observations et les expériences de Spallanzani, au sujet des rotifères. Parmi les végétaux, il cite les mousses et les algues, susceptibles de revivre après une dessiccation de très longue durée.

Lamarck attribue, avec raison, une haute importance à ce phénomène si intéressant de la suspension de la vie active, car on sait, combien d'expériences ultérieures ont démontré le rôle si considérable que ce phénomène joue dans l'économie de la nature.

(1) « Philosophie zoologique », 1er vol., p. 380.
(2) « Recherches sur l'organisation », p. 48, note.
(3) « Philosophie zoologique, 1er vol., p. 392.

Lamarck constate une troisième analogie non moins frappante, c'est-à-dire l'existence de végétaux et d'animaux composés, et tire entre les composés des deux règnes, le parallèle suivant :

« Les racines, le tronc et les branches ne sont, à l'égard de « ce végétal composé, que des parties du corps commun dont « j'ai parlé, que des produits persistants de la végétation « de tous les individus qui ont existé sur ce même végétal; « comme la masse générale vivante d'une astrée, d'une méan- « drine, d'un alcyon ou d'une pennatule, est le produit en « animalisation des polypes nombreux qui ont vécu ensem- « ble et en commun et se sont succédés les uns aux au- « tres (1). »

Et dans un autre passage, il avance:

« Je n'ai conçu réellement l'existence de ce singulier corps « (la partie morte d'un cormus), commun à l'égard de cer- « tains polypes composés, qu'après avoir pris en considéra- « tion ce qui se trouve d'analogue dans les végétaux viva- « ces, et surtout dans ceux qui sont ligneux (2). »

Lamarck indique une quatrième analogie. Il montre la ressemblance qui existe entre la réaction des plantes à l'influence de la lumière et le phototropisme très prononcé de certains animaux, surtout de l'hydre.

Il dit de ces animaux:

« La lumière les force constamment et toujours de la mê- « me manière à se diriger de son côté, comme elle le fait à « l'égard des rameaux et des feuilles ou des fleurs des plan- « tes, quoique avec plus de lenteur (3). »

Et un peu plus loin:

« Vous verrez toujours l'hydre aller, par un mouvement « lent, se placer dans le lieu, où frappe la lumière, et y res- « ter tant que vous ne changerez pas ce point. Elle suit, en « cela, ce qu'on observe dans les parties des végétaux qui « se dirigent, sans aucun acte de volonté, vers le côté, d'où « vient la lumière (4). »

(1) « Animaux sans vertèbres », Introductoin, p. 74.
(2) « Animaux sans vertèbres »,. Introduction, p. 68.
(3) « Philosophie zoologique », 1er vol., p. 210.
(4) « Philosophie zoologique », 1er vol., p. 217.

Les mots « sans aucun acte de volonté » me semblent superflus, puisque Lamarck, ainsi que cela ressort de maints passages, n'attribue la volonté qu'aux animaux qui ont un système nerveux assez compliqué, pour être susceptibles d'opérer des actes d'intelligence, condition indispensable à l'accomplissement de toute action volontaire, il va sans dire, qu'il ne pense pas à attribuer cette faculté ni à l'hydre, ni aux végétaux.

Enfin, dans un passage déjà cité, après avoir dit que les infusoires n'ont point de digestion à exécuter, il continue :

« Ils ressemblent, en cela, aux végétaux qui ne vivent « que par des absorptions, qui n'exécutent aucune digestion « et dont les mouvements organiques ne s'opèrent que par « des excitations extérieures »; mais, comme toujours, il ne peut pas s'empêcher d'ajouter, pour marquer la distance :

« Mais les infusoires sont irritables, contractiles, et ils exé« cutent des mouvements subits qu'ils peuvent répéter plu« sieurs fois de suite; ce qui caractérise leur nature animale « et les distingue essentiellement des végétaux (1). »

Donc, après tout et malgré toutes ces analogies évidentes, Lamarck aboutit toujours à la même conclusion: Les deux règnes sont isolés. Il n'existe aucune nuance, aucune transition qui les lie quelque part ,car l'irritabiilté, dont les animaux sont doués, manque aux plantes. L'irritabliité, voilà donc la pierre d'achoppement qui s'oppose, selon la croyance de Lamarck, à toute tentative de rapprochement des deux règnes.

Les conceptions de Lamarck à l'égard des relations entre les deux règnes d'organismes, portent donc un caractère foncièrement dualiste.

(1) « Philosophie zoologique », 1er vol., p. 280.

CHAPITRE V

L'unité du règne animal

Ecrire un chapitre sur l'unité du règne animal chez Lamarck, sans répéter ce que d'autres ont déjà dit, est un problème pas trop facile à résoudre, car il me semble que, depuis la publication de « L'origine des espèces » qui, après un combat acharné de la part des opinions opposées, a amené enfin la victoire complète de la théorie de la descendance, et la résurrection de celui qu'il faut considérer comme le vrai père de cette théorie, tout, ou au moins presque tout, a déjà été dit.

Je ne m'attarderai donc pas à traiter en détails les deux grands principes du transformisme de Lamarck, c'est-à-dire celui de l'adaptation au milieu par l'intermédiaire de nouveaux besoins et de nouvelles habitudes, et celui de l'hérédité des caractères acquis. Ces deux grandes questions ont déjà fait couler des flots d'encre, et puisque, d'une part, je n'ai nullement la prétention d'ajouter à ces questions quelque chose d'essentiellement nouveau et que, d'autre part, une telle tentative m'écarterait vraisemblablement trop de mon sujet, je me suis contentée de les indiquer une fois de plus, ce que, à mon avis, on ne pourra jamais faire trop souvent.

Mais il est indispensable de dire quelques mots sur la conception de l'espèce chez Lamarck, cette conception formant la base sur laquelle il a construit l'édifice moniste de ses idées sur le règne animal.

Qu'on entende par espèce « toute collection d'individus semblables qui furent produits par d'autres individus pareils à eux (1) ». Lamarck n'a rien à objecter à une telle conception du terme espèce, mais il s'oppose strictement à l'idée de la constance, de l'immutabilité des espèces. Il dit à cet égard:

« On ajoute à cette définition la supposition que les indi-
« vidus qui composent une espèce, ne varient jamais dans
« leur caractère spécifique, et que, conséquemment, l'es-
« pèce a une constance absolue dans la nature.

« C'est uniquement cette supposition que je me propose
« de combattre.... Les naturalistes se décident arbitraire-
« ment, en donnant les uns comme variétés, les autres
« comme espèces (2). »

Savoir, si un grand homme, qui a enrichi l'humanité d'une ou de plusieurs idées profondes, a trouvé ces vérités de très bonne heure, de sorte qu'on puisse presque croire qu'il en a été toujours convaincu, ou s'il a partagé d'abord les erreurs de ses contemporains, est toujours une question fort intéressante à résoudre.

On se demande donc: Est-ce que Lamarck était toujours, c'est-à-dire depuis qu'il a commencé à s'occuper de cette question, convaincu de la variabilité des espèces ou bien cette vérité eut-elle d'abord à lutter contre l'opinion opposée ?

A cette question, il répond lui-même dans l'appendice de ses « Recherches ».

« J'ai longtemps pensé qu'il y avait des espèces constantes
« dans la nature.....

« Maintenant, je suis convaincu que j'étais dans l'erreur
« à cet égard, et qu'il n'y a réellement dans la nature que des
« individus (3). »

Faut-il faire un reproche à Lamarck de ne pas avoir reconnu la vérité au premier abord ?

Certainement non, car « ceux qui procèdent de l'erreur à la vérité, ce sont les sages ; ceux qui restent dans l'erreur, ce sont les fous » (proverbe allemand). Faut-il le placer, à cause de ce changement d'idées, à côté de Buffon ? Encore moins, car chez Buffon, nous constatons une vacillation inces-

(1) « Philosophie zoologique », 1er vol., p. 72.
(2) « Philosophie zoologique », 1er vol., p. 72, 73.
(3) « Recherches sur l'organisation », p. 141.

sante entre l'ancienne idée de la stabilité et la nouvelle conception de la variabilité de l'espèce qui était en train de naître tandis que, une fois la vérité reconnue, Lamarck ne vacille pas un seul instant.

Dans le passage suivant, Lamarck donne une explication très nette de la formation d'une nouvelle espèce :

« Dans le même climat, des situations et des expositions « très différentes font d'abord simplement varier les indivi- « dus, qui s'y trouvent exposés ; mais par la suite des temps, « la continuelle différence des situations des individus dont « je parle, qui vivent et se reproduisent successivement dans « les mêmes circonstances, amène en eux les différences qui « deviennent, en quelque sorte, essentielles à leur être ; de « manière qu'à la suite de beaucoup de générations qui se « sont succédé les unes aux autres, ces individus qui appar- « tenaient originairement à une autre espèce, se trouvent à « la fin transformés en une espèce nouvelle, distincte de l'au- « tre (1). »

Pour Lamarck les variétés sont donc des espèces naissantes, et, en se prononçant de plus en plus, elles deviennent des races et enfin des espèces. C'est pourquoi il appelle très souvent les espèces, des « races, dites espèces (2) », et qu'il dit :

« Je suis très convaincu que les races auxquelles on a « donné le nom d'espèces, n'ont dans leurs caractères, qu'une « constance bornée ou temporaire, et qu'il n'y a aucune es- « pèce qui soit d'une constance absolue (3). »

Outre la voie de la transformation d'une espèce en une autre, indiquée dans le passage cité un peu plus haut, Lamarck a pensé à une autre possibilité susceptible d'amener la formation d'une nouvelle espèce, savoir l'accouplement d'individus d'espèces différentes, mais pas trop disparates, cependant il me semble qu'il se prononce un peu trop af-

(1) « Philosophie zoologique », 1er vol., p. 79.
(2) « Philosophie zoologique », 1er vol., p. 51.
(3) « Animaux sans vertèbres », Introduction, p. 197.

firmativement, lorsqu'il dit : « Or, ce moyen seul suffit pour créer de proche en proche des variétés qui deviennent ensuite des races et qui, avec le temps, constituent ce que nous nommons des espèces (1). »

On sait que les faits contredisent cette assertion, car ce ne sont guère que les accouplements entre l'âne et le cheval, le lapin et le lièvre, et peut-être encore entre le mouton et la chèvre qui donnent des résultats satisfaisants, quoique les produits de ces accouplements soient très souvent stériles. Si, en outre, on se rend compte que le retour à la forme ancestrale joue ici un rôle très important, on se convaincra facilement qu'il y a encore une distance énorme de ces accouplements à la formation d'une nouvelle espèce.

Mais, du reste, je ne comprends pas tout à fait pourquoi on attribue une importance si extraordinaire à cette question de la stérilité entre des espèces différentes, car il me semble qu'il faut bien que l'infécondité commence quelque part dans l'économie animale et végétale. Sans cela, il nous faudrait peut-être prendre en considération la fécondation d'un hanneton par un chien. C'est donc dans les espèces, où la différence a atteint le degré qu'un accouplement entre deux individus d'espèces différentes devient difficile. Que, d'ailleurs, la stérilité de tels accouplements entre des individus qui montrent ce maximum de différences ne commence pas tout d'un coup dans les soi-disant espèces, est prouvé par le fait que des croisements entre certaines races qui montrent un caractère très prononcé, restent très souvent stériles.

Quand Lamarck insiste sur la variabilité des espèces, veut-il dire par là que chaque espèce, quelle qu'elle soit, se trouve pour ainsi dire dans la nécessité de varier sans cesse ? Nullement.

Lamarck continue donc dans le passage cité plus haut :
« Sans doute, elle subsisteront les mêmes dans les lieux qu'el-
« les habitent, tant que les circonstances qui les concernent
« ne changeront pas et ne les forceront pas à changer leurs

(1) « Philosophie zoologique », 1er vol., p. 81.

« habitudes (1). » Il est évident que ces cas d'une stabilité relativement grande du milieu, comme nous le montre l'Egypte, ne sont pas et ne peuvent pas être très fréquents, vu la transformation incessante de la surface de notre globe.

Mais, à part ces cas exceptionnels, les changements que subit la croûte terrestre, en entraînant une modification dans la conformation des êtres vivants, s'opèrent néanmoins toujours avec une certaine lenteur. De là s'explique le fait que lorsque l'observateur rencontre des parties dans le corps animal « qui ont subi ces lents changements, comme il n'a « pu les observer, il suppose que les différences qu'il aper- « çoit, ont toujours existé (2). »

Il ne faut donc pas s'étonner que l'erreur de la stabilité des espèces se soit maintenue à travers les siècles avec tant d'opiniâtreté. C'est une des idées tellement invétérées dans l'humanité qu'il est presque impossible de l'arracher de la mentalité humaine avec toutes ses racines, car on sait que l'habitude, sanctionnée par la croyance de nos ancêtres, est un sol assez dur.

A propos des causes transformatrices, admises par Lamarck, indiquées dans les deux principes cités plus haut, qu'on me permette de dire quelques mots sur le caractère essentiellement moniste-évolutionniste du dernier de ces principes.

C'est en effet ce principe de Lamarck de l'hérédité des caractères acquis pendant la vie individuelle d'un animal qui rend la théorie de l'évolution intelligible. Sans l'hérédité des caractères acquis, c'est-à-dire des caractères, qui se conservent même après la disparition de la cause qui les a produits, l'évolution progressive resterait aussi incompréhensible que le plus grand des miracles de Lourdes.

Comment comprendre, en effet, si l'on n'admet pas la transmission héréditaire de ces caractères, que jamais l'espèce humaine ait pu évoluer d'une race de quadrumanes, même

(1) « Animaux sans vertèbres », Introduction, p. 197.
(2) « Philosophie zoologique », 1er vol., p. 61.

si l'on ne conteste pas qu'une génération de cette race a contracté l'habitude de se tenir debout, ce qui nécessairement a amené une modification, aussi légère qu'elle puisse avoir été, dans sa conformation. Eh bien, si on nie l'hérédité des caractères acquis, on est forcé d'admettre que les individus de la génération suivante retombent toujours, pour ainsi dire, à l'état primitif de la génération précédente, et, de cette manière, on ne saurait dire, comment l'évolution progressive peut s'entendre.

Le fait que toute une école — Weismann et les autres néo-darwiniens — ont nié pendant longtemps l'hérédité des caractères acquis, en s'écartant par là beaucoup des idées de leur maître, et qui cependant veulent être rangés parmi les évolutionnistes, est une énigme, dont les néo-darwiniens eux-mêmes seraient peut-être en peine de nous donner une solution satisfaisante.

Mais revenons à Lamarck.

De sa conception moniste de la variabilité des espèces découle l'idée que toute notre classification des animaux est quelque chose de tout à fait artificiel, qui ne correspond à rien de réel dans la nature.

Il dit à cet égard :

« La nature n'a réellement formé ni classes, ni ordres, ni
« familles, ni genres, ni espèces constantes, mais seulement
« des individus qui se succèdent les uns aux autres et qui
« ressemblent à ceux qui les ont produits (1). »

Il ne faut cependant pas croire que Lamarck méconnaît l'utilité de la classification. Il est, au contraire, convaincu qu'elle est tout à fait indispensable à l'étude des animaux, conviction qu'il a d'ailleurs prouvée par ses tentatives réitérées d'améliorer la classification des animaux invertébrés.

Il me semble donc que Lamarck n'était pas trop loin de l'opinion d'un de ses plus grands admirateurs, Giard, qui est d'avis que « si la classification n'est pas la science elle-même, elle représente néanmoins d'une façon symbolique l'état de nos connaissances à un moment donné ». (Controverses transformistes.) Et quand Giard ajoute : « A ce point

(1) « Philosophie zoologique », 1er vol., p. 41.

« de vue rien n'est plus utile que les arbres généalogiques « qu'on trouve aujourd'hui dans tous les travaux de la nou- « velle école embryogénique », il se rencontre encore une fois, comme cela lui arrive, d'ailleurs, presque partout, avec une idée de Lamarck, chez lequel nous trouvons les premiers germes d'une phylogénie naturelle. Si Häckel a insisté avec tant de force sur l'importance de cette nouvelle science, il suit donc en cela les traces de Lamarck.

D'après la conception de Lamarck de l'unité et de l'origine commune du règne animal, s'explique sa tendance essentiellement moniste à rapprocher les différents groupes de ce règne, en cherchant des chaînons intermédiaires, reliant les divers groupes entre eux. C'est pour cela qu'il établit des hypothèses telles que celle de l'orignie simienne de l'homme, hypothèse généralement attribuée à Darwin, tandis que celui-ci n'est, comme c'est également le cas pour la théorie de la descendance, que son père adoptif. Je ne m'y arrêterai pas ici, ayant à m'occuper de cette hypothèse dans le chapitre suivant.

La tendance de Lamarck à combler les lacunes, qui séparent les différents groupes des animaux, se manifeste dans ses ouvrages à plusieurs reprises. Elle se montre dans le grand intérêt avec lequel il accueille la découverte de cette forme intermédiaire si étrange de l'ornithorynque, ce monotrème sur lequel Etienne Geoffroy-Saint-Hilaire s'est étendu avec tant de détails dans son ouvrage « Etudes progressives d'un naturaliste ».

Lamarck dit à l'égard de ces formes intermédiaires :

« Déjà les ornithorynques et les échidnés semblent indi- « quer l'existence d'animaux intermédiaires entre les oiseaux « et les mammifères (1). »

Au sujet de certaines espèces d'insectes, de mollusques, de lichens, de fucus, il fait l'observation qu'elles se complètent de plus en plus par de nouvelles recherches, en sorte qu'elles forment de vraies séries, dont les chaînons se re-

(1) « Philosophie zoologique », 1er vol., p. 46.

lient partout les uns aux autres, de plus, il constate qu' « à «mesure qu'on recueille les productions de la nature, à mesure « que nos collections s'enrichissent, nous voyons presque « tous les vides se remplir et nos lignes de séparation s'ef- « facer (1) ».

Lorsque Lamarck écrivit ces derniers mots, il ne se doutait guère que, moins d'un siècle plus tard, l'intelligence humaine aurait même réussi à remplir le vide le plus effrayant, celui entre les vertébrés et les invertébrés, vide, dont Lamarck avait senti toute la profondeur, en établissant sa classification des animaux en vertébrés et animaux sans vertèbres.

Ce vide, il n'existe plus, depuis que le savant russe Kowalevsky a constaté que la larve des ascidies montre le caractère essentiel des vertébrés, la corde dorsale. C'est donc ici, où il faut chercher le point, où l'amphioxus, le premier échelon des vertébrés, se lie aux invertébrés.

Lamarck avait donc raison, lorsqu'il disait que, à mesure que la science progresse, tous les vides se remplissent.

Cette tendance à combler les lacunes, ce désir de voir les vides se remplir, lui fait apprécier à sa juste valeur une jeune science, science, naissante à peine du temps de Lamarck, la science des fossiles. Il suit les progrès de cette nouvelle science, dus en grande partie aux recherches de Cuvier, avec tout l'intérêt qu'elle inspire à chaque transformiste, soit du commencement du XIXe, soit de celui du XXe siècle, car c'est la paléontologie qui constitue un des piliers les plus solides du transformisme, c'est elle qui seule est capable de vérifier par ses découvertes les hypothèses transformistes, ce que d'ailleurs, elle n'a pas manqué de faire, à la grande satisfaction de tous ceux qui trouvent dans la théorie du transformisme le seul moyen de satisfaire leur besoin de comprendre les « énigmes de l'univers ».

Si, jusqu'ici, je ne me suis pas encore occupée d'une des conceptions les plus importantes de Lamarck, de l'idée d'une

(1) « Philosophie zoologique », 1er vol., p. 75.

progression dans l'évolution des animaux, la raison en était que cette idée, quoique en général et prise dans le sens d'une évolution progressive due à la sélection naturelle une conception foncièrement moniste, porte encore chez Lamarck des traits dualistes. Elle ressemble en effet à une tendance innée à la nature qui la dirige fatalement vers la progression sans l'intervention de causes efficientes.

Il appelle, par exemple, cette progression « le propre du « pouvoir de la vie dans les animaux (1) ». Il est évident qu'il faut chercher la source de cette erreur dans le fait qu'il n'avait pas encore reconnu comme cause immédiate de l'évolution progressive la survivance du plus apte, le principe de Darwin de la sélection naturelle.

C'est cette erreur dualiste de Lamarck d'une tendance fatale de la nature vers la progression qui donne forcément à ses conceptions à l'égard de cette question un caractère un peu mystérieux et qui leur ôtent même parfois, jusqu'à un certain degré, leur clarté.

Ce que j'ai dit un peu plus haut « l'idée de Lamarck d'une progression dans l'évolution des *animaux* » n'est peut-être pas tout à fait exact, car il ne ressort d'aucun passage que Lamarck exclut de l'application de cette idée le règne végétal. Mais parce qu'il démontre cette progression principalement et même exclusivement dans le règne animal, cette conception doit trouver sa place en ce chapitre.

La première question qui se pose maintenant est : Quelle idée Lamarck s'est-il faite de la grande évolution du règne animal ?

Il remonte jusqu'aux animaux les plus simples, afin de trouver pour tous les animaux, qui peuplent actuellement notre globe, l'ancêtre commun. Ce sont eux qui ont apparu les premiers, et « ces premières ébauches des corps vivants « sont donc les plus anciens de la nature (2) ».

Ensuite, à l'aide d'un temps incalculable, se sont déve-

(1) « Animaux sans vertèbres », Introduction, p. 134.
(2) « Recherches sur l'organisation », p. 122.

loppés peu à peu et toujours avec une lenteur extrême, les animaux mieux organisés et plus compliqués.

« La nature dans toutes ses opérations, ne pouvant pro-
« céder que graduellement, n'a pu produire tous les animaux
« à la fois : elle n'a d'abord formé que les plus simples, et,
« passant de ceux-ci jusques aux plus composés, elle a éta-
« bli successivement en eux différents systèmes d'organes
« particuliers, les a multipliés, en a augmenté de plus en
« plus l'énergie, et, les cumulant dans les plus parfaits, elle
« a fait exister tous les animaux connus avec l'organisation
« et les facultés que nous leur observons (1). »

Il est à regretter que, malgré sa conception de cette évolution progressant du plus simple vers le plus compliqué, et malgré sa conviction que la seule marche qu'il faut suivre en étudiant le règne animal. est de commencer par les organismes les plus simples, pour aller petit à petit aux plus compliqués, Lamarck ne suive pas en général, cette marche, correspondant à celle de l'évolution elle-même, mais procède le plus souvent en sens inverse ; au lieu de parler d'une complication augmentant de plus en plus, il démontre la simplification, la dégradation, en parcourant la série animale du plus compliqué au plus simple. Il renie ainsi son propre principe.

Cette inconséquence s'explique peut-être en partie par une certaine répugnance de se montrer trop réformateur. Il faisait par là une concession à la tendance humaine, si naturelle d'ailleurs, de commencer par le plus connu et d'envisager avant tout parmi les organismes qui nous entourent ceux qui nous ressemblent le plus.

Il commence une seule fois par les infusoires, en procédant vers les plus composés et montrant par cette voie l'évolution progressive en toute évidence. Cette progression est donc un fait pour lui, fait, dont il voit une preuve éclatante dans la classification des naturalistes (2), établie à demi-inconsciemment suivant les différents degrés dans la complication de la conformation animale.

(1) « Animaux sans vertèbres », Introduction, p. 123.
(2) « Animaux sans vertèbres », Introduction, p. 157, etc.

Parce que Lamarck affirmait très souvent sa conviction d'une progression dans l'évolution des êtres, ses contemporains se montraient très disposés à lui attribuer l'idée de voir dans la série animale une seule chaîne, absolument simple, opinion à laquelle Lamarck s'oppose à plusieurs reprises avec beaucoup d'énergie. Il dit, par exemple :

« Je ne veux pas dire pour cela que les animaux qui exis- « tent, forment une série très simple et partout également « nuancée ; mais je dis qu'ils forment une série rameuse, ir- « régulièrement graduée et qui n'a point de discontinuité dans « ses parties, ou qui, du moins, n'en a pas toujours eu, s'il « est vrai que, par suite de quelques espèces perdues, il s'en « trouve quelque part (1). »

Et :

« De ce qu'il y a réellement une progression dans la com- « position de l'organisation des animaux, depuis les plus im- « parfaits jusques aux plus parfaits de ces êtres, il ne s'en- « suit pas que l'on puisse former avec les espèces et les gen- « res, une série unique, très simple, non interrompue, par- « tout liée dans ses parties, et offrant régulièrement la pro- « gression dont il s'agit (2). »

Car il y a une cause modifiante, dont les produits sont des interruptions, des déviations diverses et irrégulières dans l'évolution progressive des organismes.

Qu'il considère les espèces comme des ramifications latérales, cela ressort du passage suivant, où il dit expressément que « au lieu de les pouvoir ranger comme les masses, en « une série unique, simple et linéaire, sous la forme d'une « échelle régulièrement graduée ; ces mêmes espèces « forment souvent autour des masses, dont elles font partie, « des ramifications latérales, dont les extrémités offrent des « points véritablement isolés (3) ».

Il est donc d'avis que « la série qui constitue l'échelle ani- « male réside essentiellement dans la distribution des mas-

(1) « Philosophie zoologique », 1er vol., p. 76.
(2) « Animaux sans vertèbres », Introduction, p. 159.
(3) « Philosophie zoologique », 1er vol., p. 122.

« ses principales qui la composent et non dans celles des es-
« pèces, ni même toujours dans celle des genres (1) ».

L'évolution progressive montre donc parfois des déviations, amenées par une cause particulière, et cette cause modifiante, Lamarck la voit principalement dans l'influence des différentes conditions l'habitat des animaux d'un même groupe. Il dit à cet égard :

« La progression dans la composition de l'organisation
« subit, çà et là, dans la série générale des animaux, des
« anomalies opérées par l'influence des circonstances d'ha-
« bitation et par celle des habitudes contractées (2). »

Cette influence, dirigeant la transformation des animaux d'un même groupe vers des côtés opposés, se manifeste toujours d'abord en changeant les parties extérieures, mais si cette influence est très forte et influe sur la conformation d'un animal pendant un temps considérable, elle peut également affecter les organes intérieurs. Lamarck se prononce sur ce point comme il suit :

« Cette même cause modifiante n'a pas seulement agi sur
« les parties extérieures des animaux, quoique ce soient
« celles-ci qui cèdent le plus facilement et les premières à
« son action ; mais elle a aussi opéré des modifications di-
« verses sur leurs parties internes et a fait varier très irrégu-
« lièrement les unes et les autres (3). »

Cette influence transformatrice d'un changement de milieu, faisant diverger la conformation d'un animal du groupe entier auquel il appartient, nous donne l'explication du manque total ou de l'atrophie d'un organe chez certains animaux, organe, dont, cependant, les autres animaux du même groupe sont pourvus.

Une telle déviation de la conformation générale d'un groupe d'animaux due à l'habitat, nous la constatons, par exemple, chez les animaux de cavernes, qui sont dépourvus d'yeux, chez beaucoup d'espèces d'insectes dont les ailes se trouvent dans un état d'atrophie plus ou moins prononcé,

(1) « Philosophie zoologique », 1er vol., p. 121.
(2) « Philosophie zoologique », 1er vol., p. 145.
(3) « Animaux sans vertèbres », Introduction, p. 161.

chez les mollusques acéphalés, chez lesquels toute la tête a disparu, chez les mammifères aquatiques, dont le squelette a subi une transformation essentielle. C'est cette adaptation à de nouvelles conditions de vie, à un nouvel habitat, qui nous donne l'explication de toutes ces formes si étranges nous appelons aberrantes et qui sont la terreur des classificateurs.

On sait en outre, combien est grande l'influence convergeante des eaux, et surtout des eaux marines sur la conformation d'animaux qui appartiennent à des espèces très différentes.

Au lieu d'une progression, ces cas spéciaux d'une adaptation à un milieu, pour ainsi dire, plus simple, nous représentent donc au contraire, une simplification, une certaine régression.

La conception de Lamarck à l'égard de l'évolution progressive des organismes montre deux côtés. D'une part, il voit la progression dans la perfection graduelle de la conformation générale d'un animal, d'autre part, dans la complication de plus en plus avancée qui se montre dans le développement des différents organes.

Ces deux côtés de sa conception de la progression, d'ailleurs étroitement liés entre eux et en réalité inséparables l'un de l'autre, Lamarck les a indiqués le plus clairement dans un passage, où il parle de :

« Cette cause première et prédominante qui donne à la « vie animale le pouvoir de composer progressivement l'or- « ganisation, et de compliquer et de perfectionner graduelle- « ment, non seulement l'organisation dans son ensemble, mais « encore chaque système d'organes particulier, à mesure « qu'elle est parvenue à les établir (1). »

En ce qui concerne la complication dans la conformation générale du corps animal, Lamarck n'y insiste pas et n'y revient pas très souvent, ce qui s'explique par le fait que cette

(1) « Animaux sans vertèbres », Introduction, p. 133.

progression dans la conformation générale forme la base de la classification.

Il n'en est pas de même à l'égard du second point. Il y revient à plusieurs reprises, en poursuivant ce perfectionnement graduel d'un organe ou d'un système d'organes à travers le règne animal, de sorte que ce côté de la conception de l'évolution progressive de Lamarck occupe une place très considérable dans son œuvre.

Je n'ai pas l'intention d'entrer ici dans de longs détails. Je me contenterai d'attirer d'abord l'attention sur quelques idées de Lamarck, concernant ce côté de sa conception de la progression, idées qui contiennent déjà en germe quelques théories très modernes et actuellement fort accréditées, et de dire ensuite quelques mots sur l'évolution progressive du système nerveux, envisagée au point de vue de Lamarck.

Si Packard, dans son ouvrage « Lamarck, sa vie et son œuvre », émet l'opinion que « personne ne chercherait dans ses ouvrages (ceux de Lamarck), une idée ou une suggestion du principe de la différenciation des parties d'un organe, comme nous l'entendons aujourd'hui, ou l'idée de la division physiologique du travail ; ces idées étant réservées à une période ultérieure d'embryologie et de morphologie (1) », il se trompe, car j'ai cherché et il me semble que j'ai trouvé.

Qu'on en juge d'après le passage suivant :

« La tendance du mouvement organique à développer et « composer l'organisation et en même temps celle qu'il a « à réduire en fonctions particulières à certaines parties, les « fonctions qui furent originairement, c'est-à-dire dans les « corps vivants les plus simples, des facultés générales et « communes à tous les points du corps de l'individu (2). »

(1) Packard: Lamarck, his life and work, p. 164: No one would look in his writings for an idea or suggestion of the principle of differentiation of parts of organs, as we now understand it, or for the idea of the physiological division of labour; these were reserved for the later periods of embryology and morphology.

(2) « Recherches sur l'organisation des corps vivants », p. 49. Il est remarquable que par cette expression « tendance du mouvement organique », Lamarck se rapproche de beaucoup plus de notre conception

Certes, je ne dirai pas que c'est là la théorie de Milne-Edwards, mais on ne saurait guère contester que ce passage vise déjà vers cette théorie, qu'il contient les premiers germes de ce principe, auquel on attribue actuellement une si haute importance et qui joue un si grand rôle non seulement en biologie, mais aussi en sociologie.

Lamarck revient à cette idée de la spécialisation des facultés animales dans les passages, qui traitent l'irritabilité, et où il énonce l'idée que cette faculté est la plus prononcée et commune à toutes les parties du corps chez les animaux inférieurs, tandis qu'elle se localise de plus en plus en des parties particulières chez les animaux plus compliqués. On s'attend ici à voir le raisonnement de Lamarck aboutir à la conclusion que la sensibilité n'est qu'un plus haut degré de l'irritabilité, une irritabilité, pour ainsi dire, localisée et différenciée. Mais on se trompe. Il s'oppose, au contraire, très énergiquement, à l'opinion de Cabanis que « la sensibilité « et l'irritabilité sont des phénomènes de même nature et « qui ont une source commune (1) ».

Cabanis est donc d'accord avec nous qui croyons comme lui que ces deux facultés sont des phénomènes de même origine, et que, s'il y a différence, ce ne sont que des différences de degré, des différences quantitatives. Lamarck, au contraire, en tirant une ligne de démarcation tranchée entre les deux facultés, montre par là encore une fois que le dualisme de ses ancêtres a encore laissé çà et là des traces dans sa mentalité.

La coordination joue actuellement un rôle très important en biologie, et c'est d'elle que dépend en plus grande partie la possibilité ou l'impossibilité de la régénération d'un membre coupé.

Lamarck a déjà entrevu cette vérité, car il dit : « Dans

moniste-mécanique de l'évolution progressive, que par les termes, dont il se sert principalement dans la « Philosophie zoologique » et dans les « Animaux sans vertèbres », tels que « le pouvoir de la vie » et « le pouvoir de la nature ».

(1) « Philosophie zoologique », 2e vol., p. 39.

« chaque point du corps des animaux les plus imparfaits, « tels que les infusoires et les polypes, la vie, par la grande « simplicité de l'organisation, y est indépendante de celle « des autres points du même corps. De là vient que, quelque « portion que l'on sépare de l'un de ces corps vivants si sim« ples, le corps peut continuer de vivre, et répare bientôt « alors ce qu'il a perdu.

« De là vient encore que la portion séparée de ce corps « peut elle-même, de son côté, continuer de vivre : en sorte « qu'elle reproduit bientôt un corps entier, semblable à ce« lui dont elle provient.

« Mais, à mesure que l'organisation se complique, que « les organes spéciaux deviennent plus nombreux, et que les « animaux sont moins imparfaits, la vie, dans chaque point « de leur corps, devient dépendante de celle des autres « points (1). »

Qu'on me permette ici une petite « digression utile ». Lamarck se sert bien souvent des expressions parfait, imparfait, mais il est naturellement loin de donner à ces termes un sens absolu. Qu'il ne leur attribue, au contraire, qu'une signification relative, ressort du passage suivant :

« Qui ne sait que, dans l'état d'organisation où il se « trouve, tout corps vivant, quel qu'il soit, est un être réelle« ment parfait, c'est-à-dire un être à qui il ne manque rien « de ce qui lui est nécessaire ! (2). »

Il continue dans le passage cité plus haut :

« Il est même remarquable que, dans les mammifères et « dans l'homme, une portion de muscle, enlevée par une « blessure, ne saurait repousser ; la plaie se cicatrise en gué« rissant ; mais la portion charnue du muscle, enlevée ou « détruite, ne se rétablit plus. Certes, cet ordre de choses « n'aurait point lieu, si la progression en question était sans « réalité ! (3). »

Il me semble qu'on puisse sans hésiter adopter l'opinion de Lamarck que cette différenciation du corps qui augmente

(1) « Animaux sans vertèbres, 1er vol., p 156.
(2) « Animaux sans vertèbres », Introduction, p. 139 (*note*).
(3) « Animaux sans vertèbres », Introduction, p. 157.

de plus en plus à mesure qu'on s'approche du dernier échelon du règne animal, que cette dépendance des parties de l'ensemble d'un corps animal est en effet une preuve de l'évolution progressive.

Encore un mot sur les idées de Lamarck à l'égard du système nerveux, de son évolution et des facultés auxquelles ce système donne lieu.

La place que Lamarck consacre dans son œuvre à toutes les questions, qui concernent ce système le plus important du corps animal, est très considérable, et l'on pourrait même presque prétendre que la plus grande partie de la « Philosophie zoologique » ne traite que ce sujet.

En parcourant l'échelle animale depuis les insectes jusqu'aux mammifères, il démontre tous les stades de perfectionnement de ce système, et partout se manifeste sa tendance moniste de constater une transition graduelle entre les différents degrés de sa complication.

A l'égard de certaines races d'insectes et de leurs facultés extraordinaires, il se montre très moniste, en s'opposant énergiquement à l'opinion, généralement répandue de son temps et d'ailleurs encore aujourd'hui, que ces facultés soient créées directement par la volonté du « suprême auteur (1) ». Il dit :

« A l'égard des manœuvres singulières de certaines races « manœuvres que l'on a considérées comme des actes d'in- « dustrie, il n'y a réellement que des produits d'habitudes « que les circonstances ont progressivement amenées et fait « contracter : habitudes qui ont modifié l'organisation dans « ces races, de manière que les nouveaux individus de cha- « que génération ne peuvent que répéter les mêmes manœu- « vres (2). »

Donc ces instincts, qui paraissent si miraculeux, ne sont, d'après Lamarck, autre chose que des habitudes contractées par les ancêtres et transmises par hérédité aux descendants.

(1) « Philosophie zoologique », 1er vol., p. 83, 84.
(2) « Animaux sans vertèbres », Introduction, p. 151, note.

De cette conception de Lamarck à celle de Darwin, qui s'appesantit surtout sur la variabilité des instincts, il n'y a qu'un pas ; et actuellement, c'est cette explication que Lamarck donne de la formation des instincts par voie de l'habitude et de l'hérédité, qui est généralement admise même pour les instincts que nous appelons aujourd'hui avec Romanes « instincts primaires ».

Comme de tels instincts primaires, Lamarck considère également les soi-disant idées innées, comme cela ressort d'un passage, où il parle des nouveau-nés qui veulent téter (1).

L'explication que Lamarck donne de l'origine et de la formation des habitudes, qui amènent peu à peu les instincts, n'est pas moins ingénieuse que son explication de la formation des instincts.

Il dit à cet égard :

« Dans toute action souvent répétée et surtout qui devient
« habituelle, les fluides subtils qui la produisent, se frayent
« et agrandissent progressivement, par les répétitions des
« déplacements particuliers qu'ils subissent, les routes qu'ils
« ont à franchir et les rendent de plus en plus faciles ; en
« sorte que l'action elle-même, de difficile qu'elle pouvait être
« dans son origine, acquiert graduellement moins de diffi-
« culté dans son exécution : toutes les parties mêmes du
« corps qui ont à y concourir, s'y assujettissent peu à peu,
« et à la fin l'exécutent avec la plus grande facilité (2). »

A part les mots « et surtout qui devient habituelle », mots qui ne semblent pas ici à leur place, et l'expression « acquérir moins de difficulté » qui laisse à désirer, cette explication de la formation des habitudes peut bien satisfaire, et me paraît toucher de très près à la vérité.

Donc l'action, qui d'abord était consciente, est devenue inconsciente et instinctive, et l'animal a acquis un instinct secondaire, qui cependant, si les circonstances et les conditions d'existence restent les mêmes, a toutes les chances de se transformer peu à peu dans un instinct primaire qui, en

(1) « Philosophie zoologique », 2e vol., p. 321.
(2) « Animaux sans vertèbres », Introduction, p. 248.

se transmettant de génération en génération, se fixe de plus en plus, et qui parfois donne des résultats si merveilleux que l'homme, dans son ignorance, cherchait la source de ces merveilles dans une puissance surnaturelle.

Si le système nerveux a acquis un plus haut degré de perfectionnement que chez les insectes, il donne lieu à d'autres facultés de plus en plus élevées, toujours correspondant à l'état où se trouve ce système, car « chaque faculté est par-« faitement en rapport avec l'état de l'organe qui y donne « lieu (1) ».

Que Lamarck ne considérait même les facultés les plus éminentes des animaux que comme des phénomènes, dont les traces se trouvent déjà chez d'autres animaux placés plus bas dans l'échelle animale, phénomènes qui représentent les derniers chaînons d'une longue chaîne évolutive de fonctions cérébrales, je l'ai déjà dit, mais il me semble qu'on ne saurait guère le répéter trop souvent, vu d'une part, le caractère essentiellement moniste de cette conception, et d'autre part le fait que cette conception est encore assez loin d'être généralement admise. C'est ici que la métaphysique trouve encore son champ le plus vaste pour pouvoir construire ses châteaux en Espagne.

Pour montrer le caractère essentiellement moniste des idées de Lamarck à l'égard de cette question, je ne peux pas m'empêcher de citer encore un passage qui ne laisse pas le moindre doute sur ce point :

« Je crois avoir montré que les facultés animales, de quel-« que éminence qu'elles soient, sont toutes des phénomènes « purement physiques ; que ces phénomènes sont les résul-« tats des fonctions qu'exécutent les organes ou les appareils « d'organes qui peuvent les produire ; qu'il n'y a rien de « métaphysique, rien qui soit étranger à la matière, dans « chacun d'eux ; et qu'il ne s'agit à leur égard que de rela-« tions entre différentes parties du corps animal et entre dif-« férentes substances, qui se meuvent, agissent, réagissent

(1) « Animaux sans vertèbres », Introduction, p. 241.

« et acquièrent alors le pouvoir de produire le phénomène « observé (1). »

En résumé : Les conceptions de Lamarck en zoologie, se basant sur son idée fondamentale d'une transformation lente, mais incessante de la conformation animale, transformation résultant de l'adaptation à de nouvelles conditions d'existence et de l'accumulation des caractères acquis par l'hérédité, portent en général le cachet de la philosophie moniste, mais Lamarck, n'ayant pas encore reconnu le principe de la persistance du plus apte, n'est pas capable de donner à sa conception de l'évolution progressive des organismes une explication satisfaisante, et c'est pour cela que sa théorie de la progression, en attribuant la cause du développement progressif à un pouvoir de la vie, à une puissance de la nature, porte encore des traces dualistes.

Mais malgré ce caractère dualiste de sa théorie de la progression, cette théorie a néanmoins produit d'autres idées qui, comme la conception de Lamarck sur la formation des instincts ou celle du caractère purement organique-physique des phénomènes cérébraux, ont pris leur origine dans la conception mécanique-moniste de Lamarck, qui est le véritable noyau de sa philosophie.

(1) « Animaux sans vertèbres », Introduction, p. 257.

CHAPITRE VI

L'Homme

La place de l'homme dans la nature, cette grande question moniste, est sans doute une des plus controversées dont le pour et le contre aient agité l'intelligence humaine et l'agitent encore aujourd'hui. Si l'on se rend compte que dans l' « Origine des espèces », Darwin n'osait pas encore assigner à l'homme sa place à côté des autres êtres vivants et de l'incorporer comme dernier échelon dans la série animale, et que, d'autre part, il n'est, encore aujourd'hui, pas absolument et partout sans danger de se prononcer pour notre proche parenté avec le singe anthropoïde, on reconnaîtra tout le courage, toute la hardiesse de celui qui, il y a juste un siècle, osait faire ce pas décisif d'établir son hypothèse de l'origine simienne de l'homme.

Cet acte de Lamarck me semble aussi admirable que remarquable.

Suivant la grande loi de l'évolution, cette idée de Lamarck ne s'est développée que peu à peu, avant d'apparaître dans la « philosophie zoologique » avec tout son éclat. D'abord, ce n'est qu'un tâtonnement. Dans les « Recherches », il considère encore l'homme comme « un être privilégié, qui n'a « de commun avec les animaux, que ce qui concerne la vie « animale (1) », et il constate la distance entre les animaux et l'homme qui « lui seul, est doué de la raison (1) ».

Mais il se montre déjà assez sceptique à l'égard de cette faculté particulière à l'homme, car il ajoute : « Cependant, « si l'on avait égard au tableau que tant d'hommes célèbres « ont fait de la faiblesse et de l'insuffisance de la raison hu- « maine et si l'on considérait qu'indépendamment de tous

(1) « Recherches sur l'organisation des corps vivants », p. 124.

« les travers dans lesquels les passions de l'homme le jettent
« presque continuellement, l'ignorance le rend esclave opi-
« niâtre de l'habitude et toujours la dupe de ceux qui veu-
« lent le tromper; qu'elle le jette dans les égarements les
« plus révoltants, puisqu'on l'a vu dans ce cas s'avilir au
« point d'adorer les animaux, même les plus abjects, de
« leur adresser ses prières et d'implorer leur assistance; si,
« dis-je, l'on avait égard à ces considérations, ne serait-on
« pas autorisé à élever quelque doute sur l'excellence de
« cette lumière particulière, qui est l'apanage de l'hom-
« me ? (1) »

Donc, même cette faculté éminente de l'homme de se former des idées abstraites, ne paraît pas à Lamarck, lorsqu'il envisage l'humanité dans son ensemble, comme quelque chose de si admirable et de tout à fait extraordinaire.

Il est même déjà assez disposé à rapprocher l'homme de l'animal, ce qui ressort du passage suivant:

« Si Newton, Bacon, Montesquieu, Voltaire et tant d'au-
« tres hommes ont honoré l'espèce humaine par l'étendue
« de leur intelligence et de leur génie ; combien ne la rap-
« prochent pas de l'animal cette quantité d'hommes bruts,
« ignorants, en proie aux préjugés les plus absurdes et cons-
« tamment asservis par leurs habitudes, qui, cependant, com-
« posent la masse principale chez toutes les nations (2). »

Ce contraste immense paraît l'avoir vivement frappé, car il reprend la même idée à plusieurs reprises, surtout dans les « Animaux sans vertèbres » (3).

Et dans un passage de son « Système analytique », il dit :

« L'homme offre, dans ses qualités et l'étendue de ses fa-
« cultés, les contrastes les plus opposés, les extrêmes les plus
« remarquables (4). »

Sa tendance de rapprocher l'homme de l'animal se manifeste d'une manière encore plus frappante dans un autre passage des « Recherches », où il attire l'attention sur l'analogie

(1) « Recherches », p. 124.
(2) « Recherches », p. 127.
(3) « Animaux sans vertèbres », Introduction, p. 297.
(4) « Système analytique », p. 154.

évidente entre le caractère imitateur des enfants et celui des singes (1).

Une pareille idée revient dans la « Philosophie zoologique», où il dit, en citant Richerand, que le enfants dont la tête est volumineuse ont une tendance naturelle à reprendre l'état des quadrupèdes (2) ».

Enfin, après avoir parlé dans le passage des « Recherches », cité tout à l'heure, des principales différences corporelles entre l'homme et les autres mammifères, telles que la situation du trou occipital,la mobilité remarquable des doigts et l'attitude verticale chez l'homme il les explique, tout en reconnaissant leur importance, comme des différences de nature éminemment adaptive. Il dit :

« Cependant, si l'on considère que tout ce que l'on vient « de citer réside uniquement dans des différences d'état d'or- « ganisation, ne pourrait-on pas penser que cet état particu- «lier de l'organisation de l'homme *a été acquis peu à peu à « la suite de beaucoup de temps à l'aide des circonstances « qui s'y sont trouvées favorables ?* Quel sujet de méditation « pour ceux qui ont le courage de s'y enfoncer ! (3). »

Lamarck lui-même reculait encore devant une telle tentative, peut-être non, parce qu'il manquait de courage, mais vraisemblablement parce que ses idées sur ce point n'étaient pas encore assez claires, assez fixées; peut-être sentait-il la nécessité de les laisser mûrir avant de les exposer au public.

Ce n'est que dans la « Philosophie zoologique » (4), qu'il énonce son hypothèse de l'origine simienne de l'homme, hypothèse d'une hardiesse si inouïe que, semble-t-il, elle aurait dû bouleverser l'humanité civilisée immédiatement après sa première émission. Cela ne fut cependant pas le cas; elle passa sans faire beaucoup de bruit, même sans être aperçue de beaucoup de savants et de philosophes contemporains. On faisait peut-être quelques railleries à la manière de Cuvier, et l'on passait à l'ordre du jour. La voix de Lamarck

(1) « Recherches », p. 131.
(2) « Philosophie zoologique », 1er vol, p. 344.
(3) « Recherches sur l'organisation », p. 134, etc.
(4) « Philosophie zoologique », 1er vol., p. 339, etc.

se perdait bien vite, comme « se perd la voix d'un prêcheur dans le désert ».

De là s'explique l'erreur du grand public d'attribuer cette hypothèse à Darwin, qui, comme je l'ai déjà dit, n'est que son père adoptif. Quant à Lamarck, il a énoncé cette hypothèse avec une telle netteté, qu'il ne restait pas à la postérité grand'chose à faire. Certes, elle l'a corroborée par des faits, mais l'hypothèse elle-même n'a pas beaucoup changé. Il me semble qu'on y a ajouté une seule idée essentiellement nouvelle, l'idée de l'ancêtre commun.

Je me suis efforcée en vain de reconnaître l'opinion de Lamarck à l'égard de ce point. D'après les passages, où il parle de cette « race perfectionnée de quadrumanes », il semble plutôt qu'il a pensé à un de nos singes anthropoïdes actuellement vivants. C'est l'Orang d'Angola (Simia troglodytes), qu'il rapproche le plus de l'homme dans différents passages, mais, puisque son opinion ne ressort pas de ces passages avec toute évidence, rien ne nous autorise à prétendre qu'il nous a donné pour ancêtre un des singes actuellement vivants.

On sait quelle importance on attribue aujourd'hui à cette théorie de l'ancêtre commun, qui, sans doute, a beaucoup de vraisemblable, vu le fait que c'est presque toujours à la base d'un groupe animal qu'il faut chercher le point de divergence.

Qu'on me permette ici, de rectifier une erreur, émise par Quatrefages, dans son ouvrage « Darwin et ses prédécesseurs français », où il dit: « Ainsi Darwin nous donna pour ancêtre un singe parfaitement caractérisé et occupant déjà une place élevée dans l'ordre des quadrumanes ou primates; comment a-t-il pu se laisser aller à oublier ici sa théorie de l'ancêtre commun, une de ses plus ingénieuses, et dont il a tiré, ailleurs, un si bon parti? Il n'a pu ignorer les conclusions auxquelles Huxley s'était finalement arrêté; il a dû reconnaître la « Leçon », de Filippi et le « Mémoire » de Vogt. Son attention a dû être éveillée par les nombreuses critiques adressées à la conception de Häckel. Comment a-t-il pu prendre parti pour le disciple aventureux, bien inférieur aux autres, et dont « l'audace le faisait cependant parfois trembler ».

Eh bien, que Quatrefages considère Häckel comme bien inférieur aux autres, cela n'a pas une grande importance, mais qu'il lui attribue une conception, dont il lui serait sans doute assez difficile de prouver l'existence par la citation d'un seul passage des ouvrages de Häckel, cela n'est pas tout à fait indifférent.

J'ai la prétention de croire que je connais un peu mieux les ouvrages du philosophe allemand que Quatrefages, et j'ose prétendre qu'il n'y a dans aucun de ses ouvrages, un seul passage qui ait pu donner à Quatrefages la moindre apparence de droit, de méconnaître à tel haut degré son opinion.

La conviction scientifique de Häckel, qu'il partage, d'ailleurs, avec presque tous les monistes, est, au contraire, que, si l'on cherche l'ancêtre de l'espèce humaine, il faut remonter à une souche commune à l'homme et au singe, souche dont nous pouvons peut-être nous former une idée approximativement juste, d'après le Dryopithecus, singe fossile, trouvé par Lartet et qui est plus proche de l'homme par la taille et la mâchoire inférieure.

Revenons à Lamarck. Il nous donne pour ancêtre une race de quadrumanes quelconque qui, favorisée par les circonstances, se serait transformée peu à peu en une race plus humaine.

Avant tout, il reconnait que ce n'est que par un grand changement de milieu que cette transformation a pu s'effectuer. Il suppose que, par une cause quelconque, cette race de quadrumanes en question ait quitté les arbres pour vivre sur le sol, et c'est à ce changement important de milieu, qui a forcément dû entraîner une adaptation de cette race aux nouvelles conditions de vie, que Lamarck attribue toutes les modifications dans l'organisation de cette race. Il dit:

« Si une race quelconque de quadrumanes, surtout la plus « perfectionnée d'entre elles, perdait, par la nécessité des « circonstances, ou par quelque autre cause, l'habitude de « grimper sur les arbres et d'en empoigner les branches avec

« les pieds comme avec les mains, pour s'y accrocher, et si « les individus de cette race, pendant une suite de généra- « tions, étaient forcés de ne se servir de leurs pieds que « pour marcher et cessaient d'employer leurs mains comme « des pieds, il n'est pas douteux, d'après les observations « exposées dans le chapitre précédent, que ces quadrumanes « ne fussent à la fin transformés en bimanes et que les pou- « ces de leurs pieds ne cessassent d'être écartés des doigts, « ces pieds ne leur servant plus qu'à marcher (1). »

On sait que le pied humain a donné lieu à nombre de controverses entre les anthropologues. Ce qui concerne l'opinion de Huxley (Place de l'homme dans la nature), que les mains postérieures des singes sont, au point de vue anatomique, de véritables pieds, elle se trouve en opposition diamétrale avec celle de Vogt, qui, dans ses « Leçons sur l'homme » s'exprime de la manière suivante: « Le gorille, par ses membres et surtout son bras, forme une véritable transition du singe à l'homme. Mais quel organe terminal en comparaison du pied humain ! Une véritable main ! Les doigts sont, à la vérité, un peu plus courts et plus larges, le pouce plus grand et plus épais que dans la main antérieure ; mais c'est cependant une vraie main à face inférieure plate, avec des doigts bien séparés, mobiles et indépendants, avec un pouce puissant, opposable, et une paume étroite, allongée et profondément sillonnée. »

Tout en reconnaissant la haute valeur des comparaisons anatomiques de Huxley entre les singes anthropoïdes et l'homme, je suis néanmoins plus disposée à me ranger du côté de Vogt, car l'opposabilité du pouce et la grande mobilité des doigts resteront, sans doute toujours, les deux principaux caractères décisifs dans la distinction du pied et de la main, et il me semble qu'on est autorisé à admettre une véritable transformation des mains postérieures des quadrumanes en pieds humains, transformation qui s'est opérée peu à peu chez l'homme primitif par division du travail.

C'est, d'ailleurs, ce que Lamarck suppose aussi, car il continue:

(1) « Philosophie zoologique », 1er vol., p. 339, etc.

« En outre, si les individus dont je parle, mus par le be-
« soin de dominer et de voir à la fois au loin et au large,
« s'efforçaient de se tenir debout et en prenaient constam-
« ment l'habitude de génération en génération, il n'est pas
« douteux encore, que leurs pieds ne prissent insensiblement
« une conformation propre à les tenir dans une attitude re-
« dressée, que leurs jambes n'acquissent des mollets et que
« ces animaux ne pussent alors marcher que péniblement sur
« les pieds et les mains à la fois (1). »

En ce qui concerne la formation des mollets, il est connu qu'il existe parmi les différentes races tous les degrés de développement, depuis les plus prononcés jusqu'à leur absence presque totale chez le nègre, qui, d'ailleurs, montre encore d'autres analogies frappantes avec le singe anthropoïde, et surtout avec le gorille, telle que la conformation du nez, écrasé chez l'un comme chez l'autre.

Après avoir donné son explication de la transformation des mains postérieures des quadrumanes en pieds humains, Lamarck aborde la question de la modification de la forme de la tête.

Un des traits les plus caractéristiques des anthropoïdes est, sans doute, la conformation saillante de leur museau, la massiveté de leurs mâchoires, qui sont encore, pour eux, des armes redoutables. Lamarck explique la transformation de ces mâchoires bestiales en mâchoires humaines, de la manière suivante:

« Si ces mêmes individus cessaient d'employer leurs mâ-
« choires comme des armes pour mordre, déchirer ou sai-
« sir, ou comme des tenailles pour couper l'herbe et s'en
« nourrir et qu'ils ne les fissent servir qu'à la mastication;
« il n'est pas douteux encore que leur angle facial ne de-
« vînt plus ouvert, que leur museau ne se raccourcît de plus
« en plus, et qu'à la fin, étant entièrement effacé, ils n'eus-
« sent leurs dents incisives verticales (2). »

On sait que parmi les crânes humains fossiles, trouvés jusqu'ici, on a pu constater tous les degrés possibles de prog-

(1) *Idem.*
(2) *Idem.*

nathisme, depuis celui du célèbre crâne de Néanderthal, trouvé il y a enciron un demi-siècle et à l'égard duquel Virchow pouvait encore émettre l'hypothèse d'une déformation accidentelle produite par la maladie, et la mâchoire de la Naulette, trouvée par Dupont en Belgique, et déclarée par Broca « le premier fait qui fournisse un argument anatomique aux darwinistes» jusqu'au Pithécanthropus érectus d'Eugène Dubois et l'Homo Mousteriensis Hauseri.

C'est Herrmann Klaatsch, qui a donné ce dernier nom au squelette humain, trouvé l'année dernière près de Moustier-en-Dordogne, endroit d'une ancienne célébrité depuis le temps, où Lartet jetait les premiers fondements de la paléontologie humaine.

Tandis que Klaatsch déclare le crâne de l'Homo Mousteriensis Hauseri comme un crâne néanderthaloïde typique, d'autres sont d'avis qu'il est encore plus massif, caractérisé par un front plus fuyant et montrant un prognathisme encore plus prononcé.

Mais, quoi qu'il en soit, ce prognathisme existe dans tous ces crânes fossiles à un degré plus ou moins haut, et la supposition de Lamarck a trouvé par toutes ces découvertes une vérification éclatante, ce que déjà Lyelle a reconnu, lorsqu'il dit : (L'Ancienneté de l'homme). « L'importance immédiate de l'analogie avec le singe du crâne de Néanderthal, au point de vue de la doctrine de Lamarck sur le développement progressif de la transmutation, ou de la modification de cette doctrine soutenue dernièrement avec tant d'habileté par M. Darwin, tient à ce fait que cette observation nouvelle d'une déviation du type normal de la conformation humaine, n'a pas une direction fortuite et accidentelle, mais c'est précisément ce qu'on aurait pu conclure d'avance si les lois de la variation étaient celles que veulent les partisans de la transmutation. »

Les temps, où Quatrefages pouvait encore, dans « L'espèce humaine » prétendre que « l'homme pithécoïde est absolument théorique », sont donc assez loin, et l'hypothèse de Lamarck s'est prouvée une des plus ingénieuses et une des plus fécondes.

Vérifiée par tant de découvertes ultérieures, elle s'est transformée peu à peu en une théorie solidement basée sur des faits.

S'ily a encore beaucoup de savants qui ont une antipathie prononcée contre toute hypothèse, celle de Lamarck, à elle seule, pourrait leur prouver l'utilité des hypothèses; de même que, pour la construction d'un édifice, il faut un échafaudage, ainsi les hypothèses sont nécessaires pour édifier la science.

Après que Lamarck a démontré comment s'est probablement transformée la conformation simienne en conformation humaine, il aborde un autre côté de la question, le côté intellectuel.

Cette race de quadrumanes, en descendant des arbres pour vivre sur le sol, a forcément dû changer toute sa manière de vivre. Tandis que leur vie dans les arbres, où ils vivaient en sûreté et où ils trouvaient leur nourriture sans beaucoup de peine, ne leur donnait guère l'occasion d'exercer leurs facultés d'intelligence, leur existence sur le sol les forçait de se servir davantage de ces facultés pour se procurer leur nourriture ou pour échapper à un danger. De là s'explique le développement extraordinaire de leurs facultés intellectuelles et de l'organe qui y donne lieu.

Que le cerveau des quadrumanes soit bien susceptible d'évoluer dans le sens du cerveau humain, est prouvé par le fait que ces deux cerveaux ne montrent aucune différence essentielle.

Lamarck ne les envisage que d'après leur volume, et il constate que, aussi à cet égard, les quadrumanes s'approchent sensiblement de l'homme. Il dit :

« En effet, dans les quadrumanes, le cerveau présente, « avec tous ses accessoires, le plus grand volume, propor- « tionnellement à celui de leurs corps, après le cerveau de « l'homme, et conséquemment, l'organe de l'intelligence le « plus développé, après le sien (1). »

Mais, malgré cela, la différence entre le cerveau humain et le cerveau du singe, est encore assez grande, ce qui, d'ail-

(1) « Animaux sans vertèbres », Introduction, p. 141.

leurs, n'a rien d'étonnant, vu le fait que tant de chaînons intermédiaires, reliant les espèces entre elles, se sont perdus au cours des siècles, ce qui nous fait déduire que cela est pareillement arrivé à l'égard des chaînons reliant l'homme actuel à son ancêtre primitif, commun à lui et au singe. En outre, il faut prendre en considération la possibilité que, entre cet ancêtre commun et le singe, il s'est peut-être opéré une évolution régressive, supposition qui, vu tant d'autres cas pareils, n'a rien d'invraisemblable. Quant à la distance qui nous sépare aujourd'hui de nos plus proches parents, il est même certain qu'elle deviendra encore plus grande après l'extinction de toutes ces races sauvages, dont le nombre des individus, qui les composent, diminue de jour en jour avec une rapidité effrayante.

C'est un fait dont Lamarck s'est aperçu, car il dit :

« L'homme est perpétuellement en guerre avec ses sem-« blables, et les détruit de toutes parts et sous tous prétex-« tes : en sorte qu'on voit des populations, autrefois considé-« rables, s'appauvrir de plus en plus (1). »

Vu ce passage, qu'on se rappelle l'assertion de Huxley, que Lamarck n'avait aucune idée de la lutte pour l'existence.

Si Lamarck s'est contenté de constater tout en général, que le cerveau des singes est le plus développé après le nôtre, Huxley, et d'autres anatomistes ont démontré en particulier, que la structure de leur cerveau ne diffère en rien d'essentiel de celle du nôtre et que les trois parties si controversées de notre cerveau, le lobe postérieur, la corne postérieure et l'ergot de Morand, se trouvent également chez tous ou chez la plupart des singes anthropoïdes. Donc, la différence entre le cerveau humain et celui des singes anthropoïdes n'est que quantitative, et l'hypothèse de Lamarck reçoit, par là, un nouveau point d'appui.

Le développement extraordinaire de l'intelligence de cette race de quadrumanes en train de se transformer en bimanes, a, sans doute, donné à cette race perfectionnée, beaucoup d'avantages sur les autres races, restées en arrière.

(2) « Système analytique », p. 155, note.

Il est donc vraisemblable :

« 1° Que cette race plus perfectionnée dans ses facultés, étant par là venue à bout de maîtriser les autres, se sera emparée à la surface du globe de tous les lieux qui lui conviennent ;

« 2° Qu'elle en aura chassé les autres races éminentes, et dans le cas de lui disputer les biens de la terre, et qu'elle les aura contraintes de se réfugier dans les lieux qu'elle n'occupe pas;

« 3° Que, nuisant à la grande multiplication des races qui l'avoisinent par leurs rapports et les tenant reléguées dans les bois ou autres lieux déserts, elle aura arrêté les progrès du perfectionnement de leurs facultés, tandis qu'elle-même, maîtresse de se répandre partout, de s'y multiplier sans obstacle de la part des autres et d'y vivre par troupes nombreuses, se sera successivement créé des besoins nouveaux, qui auront excité son industrie et perfectionné graduellement ses moyens et ses facultés (1). »

J'ai cité tout ce long passage, parce que je voudrais encore une fois attirer l'attention sur le fait que Lamarck a, en effet, entrevu le principe de Darwin, qu'il était déjà tout près de la lutte pour l'existence, lutte qui se manifeste entre des races autant qu'entre des individus.

Un point très important, sur lequel Lamarck attire l'attention dans son troisième point, est la vie de ces hommes primitifs en « troupes nombreuses », en société.

De tous les avantages que procure la vie sociale avec son application du principe de la division du travail, celui qui a incité le plus l'homme primitif, à vivre en communauté, était, sans doute, de diminuer le danger d'être attaqué par d'autres animaux, qui, vivant solitaires ou en petites troupes, ne pouvaient plus entreprendre de mesurer leurs forces avec les siennes, qui se trouvaient, pour ainsi dire, multipliées par celles de toute la société.

Toutes les autres institutions de la vie sociale ne se sont développées que plus tard, comme des conséquences amenées par la nécessité de s'entendre mutuellement.

(1) « Philosophie zoologique », 1er vol., p. 341.

Lamarck, dit à cet égard:

« La société qui, primitivement, a pu consister dans l'en-
« gagement que prit un nombre quelconque d'individus de
« se garantir mutuellement d'agressions étrangères, a dû
« bientôt amener la civilisation; car, dès que cette société
« fut formée et agrandie, l'institution de la propriété devint
« indispensable, et, dès lors, des lois et un gouvernement
« lui furent nécessaires (1).

Une des premières conditions indispensables pour une vie en société, est la possibilité de se pouvoir communiquer ses idées, ne serait-ce que pour délibérer sur les moyens de la défense commune.

Bientôt, les quelques signes dont se servait cette race devenue sociale, ne suffisant plus, on commençait à multiplier les signes, à nuancer les cris, à varier les pantomimes, pour arriver enfin au son articulé, et ce pas décisif une fois fait, on n'avait qu'à avancer dans la même direction pour aboutir, après des milliers de générations, à l'état de cette énorme diversité et complexité, que les langues humaines présentent actuellement.

Lamarck a parfaitement compris l'origine et l'évolution des langues. Il dit :

« Les individus de la race dominante dont il a été question,
« s'étant emparés de tous les lieux d'habitation qui leur fu-
« rent commodes et ayant considérablement augmenté leurs
« besoins à mesure que les sociétés qu'ils y formaient, deve-
« naient plus nombreuses, ont dû pareillement multiplier
« leurs idées et, par suite, ressentir le besoin de les communi-
« quer à leurs semblables.

« On conçoit qu'il en sera résulté pour eux la nécessité
« d'augmenter et de varier en même proportion les signes
« propres à la communication de ces idées. Il est donc évi-
« dent que les individus de cette race auront dû faire des ef-
« forts continuels et employer tous leurs moyens dans ces
« efforts pour créer, multiplier et varier suffisamment les si-

(1) « Système analytique », p. 159.

« gnes que leurs idéeset leurs besoins nombreux rendraient « nécessaires (1). »

Ici, il me faut constater une divergence entre l'opinion de Lamarck, qui considère le langage comme une conséquence du haut développement intellectuel de cette race et celle d'autres naturalistes pour qui le langage est le phénomène primaire. Quant à moi, je pense qu'il faut plutôt considérer ces deux phénomènes comme coïncidents.

Après avoir parlé de cette nécessité d'augmenter considérablement le nombre de leurs moyens de communication, nécessité, amenée par le haut développement des facultés intellectuelles, Lamarck répond à la question: Pourquoi les autres races des quadrumanes, quoique la plupart vivant également par bandes,n'éprouvaient-elles pas le même besoin de multiplier leurs signes ? Il en voit la raison principale dans la nécessité, où ils se trouvaient, de se cacher, de fuir devant cette race devenue dominante, genre de vie, qui ne leur donnait guère l'occasion de développer leurs facultés intellectuelles.

Combien ce raisonnement de Lamarck est fondé, les peuples sauvages nous le montrent qui, pourchassés par les peuples civilisés, se trouvent dans une situation pareille à celle où se trouvaient ces races de quadrumanes. De là s'explique que les langues de tous ces peuples sauvages sont restées si simples, car quelques centaines de mots suffisent largement pour rendre les idées de ces hommes primitifs.

Après la comparaison de cette race perfectionnée avec les autres races de quadrumanes, Lamarck continue :

« Les individus de la race dominante, déjà mentionnée, « ayant eu besoin de multiplier les signes, pour communi- « quer rapidement leurs idées devenues de plus en plus « nombreuses, et ne pouvant plus se contenter, ni des si- « gnes pantomimiques, ni des inflexions possibles de leur « voix pour représenter cette multitude de signes devenus « nécessaires, seront parvenus, par différents efforts, à for- « mer des sons articulés : d'abord, ils n'en auront employé « qu'un petit nombre conjointement avec les inflexions de

(1) « Philosophie zoologique », 1er vol., p. 344.

« leur voix; par la suite, ils les auront multipliés, variés et « perfectionnés, selon l'accroissement de leurs besoins et « selon qu'ils se seront plux exercés à les produire. En effet, « l'exercice habituel de leur gosier, de leur langue et de leurs « lèvres pour articuler des sons, aura éminemment développé « en eux cette faculté.

« De là, pour cette race particulière, l'origine de l'admira- « ble faculté de parler ; et comme l'éloignement des lieux, où « les individus qui la composent ne seront répandus, favo- « rise la corruption des signes convenus pour rendre chaque « idée, de là l'origine des langues, qui se seront diversifiées « partout (1). »

A l'égard de ce dernier point, nous savons que cette évolution divergente des langues s'explique de la même manière que celle que nous constatons dans l'évolution des êtres vivants. Dans l'un et l'autre cas, une transformation lente et incessante. Le mouvement partout et le repos absolu, nulle part.

A propos de l'explication de Lamarck sur l'origine de la faculté de parler et de l'évolution des langues, il me semble que même aujourd'hui, où l'ethnologie nous a fourni tant de données sur la vie des peuples sauvages et où la philologie nous renseigne sur la formation et la construction de la plupart des langues primitives, on ne saurait guère expliquer l'origine du langage d'une manière différant essentiellement de celle de Lamarck.

Pour mettre en toute évidence son principe capital de l'influence des habitudes par l'intermédiaire des besoins et des efforts, Lamarck ajoute :

« Ainsi, à cet égard, les besoins seuls auront tout fait : ils « auront fait naître les efforts, et les organes propres aux « articulations des sons se seront développés par leur em- « ploi habituel (2). »

Jusqu'ici, chaque moniste peut se sentir enchanté de ce mécanisme admirable, qui se révèle partout; jusqu'ici, toutes ces considérations sont d'un monisme si pur qu'on se sent

(1) « Philosophie zoologique », 1er vol., p. 346.
(2) « Philosophie zoologique », 1er vol., p. 346.

tenté d'oublier presque et l'abîme entre l'inorganique et l'organique, et la ligne de démarcation infranchissable entre les végétaux et les animaux, mais il continue :

« Telles seraient les réflexions que l'on pourrait faire, si « l'homme, considéré ici comme la race prééminente en question, n'était distingué des animaux que par les caractères « de son organisation et si son origine n'était pas différente « de la leur (1). »

Voilà la douche froide sur notre enthousiasme moniste, voilà le dualisme qui réapparaît, voilà le miracle qui termine toutes ces considérations monistes, comme un grand point d'exclamation où, si l'on veut, d'interrogation.

Mais après les pages precédentes, on se demande presque malgré soi : ce dualisme est-il sincère ? Est-ce possible qu'il soit sincère après tout ce qui précède ? Ou ne se pourrait-il pas que cette conclusion dualiste ne soit que l'expression de la prudence d'un vieillard qui, ayant beaucoup souffert pendant toute sa vie de l'injustice des autres, se laisse une dernière porte ouverte pour pouvoir, si la nécessité l'exige échapper aux poursuites de ses ennemis ?

J'hésite à répondre à ces questions, j'hésite parce qu'ailleurs, son dualisme, sa croyance à l' « Auteur de toutes choses », portent trop de traits d'une véritable conviction religieuse.

Mais, malgré cela, cette conclusion dualiste ne peut pas effacer le caractère essentiellement moniste de l'hypothèse de Lamarck, hypothèse qui, autrefois la plus controversée, est généralement admise par la science moderne, et si les dualistes se trouvent blessés dans leur âme immortelle, cadeau du bon dieu, par ce rapprochement de l'homme des autres animaux, nous, monistes, nous nous sentons d'accord avec Huxley, Broca, Claparède, en ne pouvant comme eux trouver aucune raison pour avoir honte de notre origine simienne. Nous disons, au contraire, avec le dernier : « J'aimerais « mieux être un singe perfectionné qu'un Adam dégénéré. »

Qu'on me permette de citer, à l'égard de cette question de l'origine de l'homme, un dernier passage, qui contient, pour

(1) « Philosophie zoologique », 1er vol., p. 347.

ainsi dire, en résumé, toutes les conceptions de Lamarck sur ce point. Il dit :

« L'homme, véritable produit de la nature, terme absolu « de tout ce qu'elle a pu faire exister de plus éminent sur notre « globe, est un corps vivant qui fait partie du règne animal, « appartient à la classe des mammifères, et tient, par ses « rapports, aux quadrumanes, dont il est distingué par di- « verses modifications, tant dans sa taille, sa forme, sa sta- « ture, que dans son organisation intérieure; modifications « qu'il doit aux habitudes qu'il a prises et à sa supériorité « qui l'a rendu dominant sur tous les êtres de ce globe, et « lui a permis de s'y multiplier, de s'y répandre partout, et « d'y comprimer la multiplication de celles des autres races « d'animaux qui auraient pu lui disputer l'empire de la for- « ce.

« Il tient la supériorité dont il vient d'être question, d'une « part, de son intelligence, qui est de beaucoup supérieure « à celle des autres êtres qui jouissent de cette faculté; d'une « autre part, de sa stature, ainsi que de la forme et de « l'emploi de ses membres; ses pieds ne servant qu'à le sou- « tenir, sans être employés à la préhension; ses mains, au « contraire, ne servant point à la locomotion, et lui offrant, « dans leur forme, tout ce qui peut servir son adresse et son « industrie (1). »

Donc, l'homme est, pour Lamarck, à tous les points de vue, le dernier échelon de la grande chaîne animale, qui, commençant par les infusoires, atteint enfin à l'aide de l'évolution progressive, en l'homme, le plus haut degré de son perfectionnement.

Il faut que je dise encore quelques mots sur la « psychologie » de Lamarck. Si je me sers ici du terme psychologie, je le fais avec une certaine répugnance et par la seule raison qu'il nous manque encore un autre terme moins dualiste, pour désigner cette science naturelle qui traite le mécanisme cérébral, mais ce terme « psychologie » ne correspond ni à

(1) « Système analytique », p. 149.

notre langage moniste, ni aux idées de Lamarck à l'égard des facultés intellectuelles, sa « psychologie » étant une vraie physiologie cérébrale.

Le monisme de Lamarck se montre ici, d'abord, dans le fait qu'il ne voit aucune distinction essentielle entre les facultés mentales de l'homme et celles des autres animaux et qu'il ne les considère que différant quantitativement. Il dit, par exemple : « On a des preuves par l'observation que, « parmi ces animaux (1), beaucoup d'entr'eux peuvent, à « propos, varier leurs actions; qu'ils ont des idées conservables; qu'ils combinent ces idées; qu'ils ont des songes pendant leur sommeil; qu'ils comparent, jugent, inventent les « moyens; qu'ils sont susceptibles d'éprouver de la joie, de « la tristesse, de la crainte, de la colère, de l'envie, de l'attachement, de la haine, etc., et qu'en un mot, ils sont doués « de facultés d'intelligence. Si ces facultés n'ont pas été observées positivement dans tous les animaux vertébrés, « néanmoins, comme leur plan d'organisation est à peu près « le même dans tous, quoique plus ou moins avancé dans « son développement et son perfectionnement, on est tout à « fait autorisé à leur attribuer à tous l'intelligence, mais dans « différents degrés (2). »

Donc, entre la mentalité de l'homme et celle des autres animaux aucune différence essentielle existe. Par là, Lamarck se rapproche beaucoup des conceptions de Romanes, qui a peut-être contribué le plus, à effacer cette distinction artificielle entre une psychologie humaine et une psychologie animale.

Pour l'époque, où écrivit Lamarck et où l'homme se considérait encore généralement comme un petit dieu, non comparable aux autres êtres vivants, cela me paraît vraiment un fait remarquable d'avoir reconnu qu'il n'y a aucun abîme entre l'intelligence humaine et celle des autres animaux, et que l'intelligence de l'homme n'est que le dernier chaînon d'une longue évolution intellectuelle à travers le règne animal.

J'ai appelé plus haut la « psychologie » de Lamarck une

(1) Animaux vertébrés.
(2) « Animaux sans vertèbres », Introduction, p. 380.

véritable physiologie cérébrale. D'après lui, toutes les facultés de l'homme, même les plus élevées, sont dans le rapport le plus étroit avec l'organe qui donne lieu à ces phénomènes.

C'est le système nerveux, et plus spécialement le cerveau, où toutes nos sensations, nos idées, jugements, pensées, s'opèrent d'une manière purement mécanique.

Après avoir fait une distinction très nette entre le foyer des sensations ou sensorium, se trouvant à la base du cerveau, et le vrai organe de l'intelligence, qui se compose des deux hémisphères et qu'il appelle « Hypocéphale » (Phronéma de Häckel), il explique tous les phénomènes, auxquels cet organe donne lieu, comme le résultat des mouvements de l'influx nerveux, qui se meut sans cesse dans la masse médullaire de l' « hypocéphale », en y imprimant ses traces, dont l'existence, cependant, ne se révèle à nous que par leurs effets.

Il dit à ce sujet :

« Relativement aux traces que nos idées et nos pensées
« impriment dans notre cerveau, qu'importe que ces traces
« ne puissent être aperçues par aucun de nos sens, si, com-
« me on en convient, il y a des observations qui ne nous
« laissent aucun doute sur leur existence, ainsi que sur leur
« siège : apercevons-nous mieux le mode d'exécution des
« fonctions de nos autres organes, et, pour citer un seul
« exemple, voyons-nous mieux comment les nerfs mettent
« nos muscles en action ? Cependant, nous ne pouvons douter
« que l'influence nerveuse ne soit indispensable pour l'exé-
« cution de nos mouvements musculaires (1). »

L'existence réelle de ces traces se montre, d'ailleurs, avec toute évidence par la mémoire, qui en est la preuve la plus sûre.

« Il est, sans doute, très difficile de concevoir, comment
« se forment les impressions que gravent les idées: et il est
« surtout impossible de rien apercevoir dans l'organe qui
« indique leur existence. Mais que peut-on en conclure, si-
« non que l'extrême délicatesse de ces traits et que les bor-

(1) « Philosophie zoologique », 2e vol., p. 159.

« nes de nos facultés en sont la cause ? Dira-t-on que tout « ce que l'homme ne peut apercevoir, n'existe pas ? Il nous « suffit ici que la mémoire soit un sûr garant de l'existence « de ces impressions dans l'organe, où elle exécute ses ac- « tes (1). »

La difficulté que nous éprouvons d'apercevoir ces traces dans l'organe de l'intelligence, n'a rien d'étonnant, vu la délicatesse et la composition si complexe de cet organe.

Cette masse médullaire se compose « d'une multitude in- « concevable de parties distinctes et séparées, d'où résulte « une quantité innombrable de cavités infiniment diversifiées « entre elles par leur forme et leur grandeur, et qui parais- « sent distinguées par régions en nombre égal à celui des « facultés intellectuelles de l'individu; enfin, quel qu'en soit « le mode, la composition de cet organe est encore diffé- « rente dans chaque région, car c'est dans chacune d'elles « que s'effectuent les actes de chaque faculté particulière de « l'intelligence (2). »

D'après ce passage et d'autres analogues, il me semble que les notions de Lamarck, à l'égard de l'organe de l'intelligence, ne diffèrent pas essentiellement de celles que nous nous en formons actuellement.

Un point sur lequel Lamarck insiste à plusieurs reprises, c'est le caractère passif de l' « hypocéphale ». C'est le fluide nerveux qui, en traçant ses impressions, est le vrai agent; la masse médullaire à cause de sa mollesse extrême ne fait que retenir ces traces.

Donc, aussi merveilleux que les actes de notre intelligence puissent nous paraître, il n'y a en tout cela, aucun miracle: ces actes ne sont que des phénomènes purement mécaniques. Lamarck dit donc :

« La diversité réelle, mais difficile à reconnaître, des par- « ties de l'organe dont il est question, et celle des mouve- « ments du fluide subtil que contient cet organe, sont donc la

(1) « Philosophie zoologique », 2e vol., p. 208.
(2) « Philosophie zoologique », 2e vol., p. 328.

« source unique, où les différents actes intellectuels cités « puisent leurs moyens d'exécution (1). »

Et dans un autre passage :

« Dès qu'on est parvenu à connaître le mécanisme de la « formation des idées, que l'on sait que ce sont des images « imprimées dans l'organe propre à les recevoir et qu'il suf- « fit que le fluide nerveux agité vienne traverser les traits de « ces images pour leur communiquer un ébranlement qui se « propage jusqu'au foyer de l'esprit, lequel lui-même en « étend la commotion légère jusqu'à celui du sentiment in- « térieur : alors le voile qui nous cachait le mécanisme des « différents actes d'intelligence est facile à lever, le mer- « veilleux à leur égard, s'évanouit bientôt, et les plus beaux « phénomènes de l'organisation animale rentrent dans l'or- « dre général des faits physiques dont les causes sont sus- « ceptibles d'être reconnues (2). »

La preuve la plus évidente que les facultés même les plus éminentes de l'intelligence humaine sont des phénomènes purement mécaniques-physiques, est la cessation ou totale ou partielle de ces facultés, si l'organe de l'intelligence ou une de ses parties a été détruite.

Lamarck dit :

« On sait que si l'organe très composé qui donne lieu aux « actes d'intelligence, vient à être lésé, à subir quelque « altération, les idées alors ne se présentent plus qu'avec dé- « sordre, se dérangent, soit partiellement, soit totalement, « selon la partie altérée de l'organe ou l'étendue de l'altéra- « tion, et même se perdent entièrement si l'altération est « considérable (3). »

Je n'ai pas besoin d'insister sur cette argumentation de Lamarck : toutes les observations des psychopathes en prouvent le bien fondé.

Lamarck ne manque pas de tirer de ses conceptions à l'é-

(1) « Philosophie zoologique », 2e vol., p. 319.
(2) « Système analytique », p. 322.
(3) « Animaux sans vertèbres », Introduction, p. 14.

gard du mécanisme cérébral une conclusion éminemment pratique.

Puisque les actes de notre intelligence sont des phénomènes organiques et que l'organe qui donne lieu à ces phénomènes, est, comme tous les autres organes, susceptible d'être développé, il considère comme la tâche principale de l'éducation de venir en aide à l'évolution cérébrale.

L'enfant, dont le cerveau n'est pas encore très développé, doit être accoutumé de bonne heure à exercer l'organe de l'intelligence, car « le développement des organes et leur « force d'action sont constamment en raison de l'emploi de « ces organes (1) ». Ici, comme ailleurs, l'habitude joue le plus grand rôle :

« L'éducation, qui développe l'intelligence de l'homme « d'une manière si admirable, ne le fait ou n'y parvient, que « parce qu'elle habitue celui qui la reçoit à exercer sa fa- « culté de penser, de fixer son attention sur les objets si va- « riés et si nombreux, qui peuvent affecter ses sens, sur tout « ce qui peut augmenter son bien-être physique et moral, « et, par conséquent, sur ses véritables intérêts, dans ses « relations avec les autres hommes (2). »

C'est parce que l'éducation se base principalement, et c'était le cas du temps de Lamarck, comme il l'est aujourd'hui, sur le principe d'autorité au lieu de donner à l'intelligence l'occasion de s'épanouir sans contrainte, que ses fruits sont encore très souvent assez amers.

C'est une vérité que Lamarck a bien reconnue.

Il sait que « dès notre bas âge... on nous habitue à nous « reposer entièrement sur le jugement des autres (3) ».

Cette foi dans l'autorité est un des plus grands obstacles qui s'opposent au développement de notre intelligence, et ce qu'on prend quelquefois pour de la paresse, pour ainsi dire, innée, ce ne sont, très souvent, que les suites nécessaires de cette fausse méthode d'éducation.

« Cet obstacle aux progrès de l'intelligence individuelle

(1) « Animaux sans vertèbres », Introduction, p. 181.
(2) « Philosophie zoologique », 2e vol., p. 365.
(3) « Système analytique », p. 1.

« n'est pas seulement le produit de la paresse, de l'insou-
« ciance et du défaut des moyens, il est, en outre, celui de « l'habitude que l'on a fait contracter aux individus, dès leur « enfance et dans leur jeunesse, de croire sur parole et de « soumettre toujours leur jugement à une autorité quelcon- « que (1). »

Si l'on a élevé un enfant d'après ce faux principe d'autorité, il ne faut pas s'étonner qu'il perde peu à peu l'habitude de penser, de juger lui-même, qu'il préfère de suivre une voie plus commode, voie qui, par cette fausse éducation, lui est devenue une seconde nature, c'est-à-dire de répéter ce que quelques autres, restés plus libres dans leur jugement, ont pensé, dit, ou écrit avant lui. Ainsi « dans le cours en- « tier de notre vie, les suites de cette habitude nous maî- « trisant, nous devenons paresseux à juger nous mêmes ; « nous trouvons qu'il est plus facile, plus expéditif, souvent « plus politique, de nous en rapporter aux autres; l'autorité « et l'opinion en crédit remplacent presque partout notre ju- « gement (2) ».

A des hommes, élevés d'après ce principe si funeste d'autorité, on a beau dire avec Descartes: « Ne cherchez pas ce « qu'on a pensé ou écrit avant vous, mais sachez vous en « tenir à ce que vous reconnaissez vous-même pour évi- « dent », ils ne cesseront guère de répéter l'opinion des autres, de croire sur parole, même tout ce que disent les journaux.

Nulle part, la grande vérité que plus tard, c'est très souvent trop tard, ne se révèle à nous avec plus d'évidence que dans l'éducation, car « en vain, après notre enfance, fait-on « des efforts pour diriger, par le moyen de l'éducation, nos « inclinations et nos actions vers tout ce qui peut nous être « utile, en un mot, pour nous donner des principes, pour « former notre raison, notre manière de juger (3) ».

Donc ce qu'il nous faudrait le plus pour assurer à l'humanité un avenir plus noble, ce serait fonder l'éducation sur une base plus solide que ce faux principe d'autorité, c'est-à-

(1) « Philosophie zoologique », 2e vol., p. 399.
(2) « Système analytique », p. 343.
(3) « Philosophie zoologique », 2e vol., p. 335.

dire sur la recherche de la vérité, car nous, monistes, croyons avec Lamarck, que cette foi dans l'argument de l'autorité est la source de la plupart des erreurs.

Il faudrait, en outre, faire cette éducation accessible à tous, car nous partageons l'opinion de Lamarck, que nombre de maux résultent de l'extrême inégalité de l'éducation et, par conséquent, des grands contrastes entre l'intelligence des différentes classes.

Lamarck dit à ce sujet :

« On sentirait que le mal à cet égard réside principalement « dans l'extrême inégalité d'intelligence des individus, iné- « galité qu'il est impossibe de détruire entièrement. Néan- « moins, on reconnaîtrait mieux encore que, ce qu'il impor- « terait le plus pour le perfectionnement et le bonheur de « l'homme, serait de diminuer le plus possible cette énorme « inégalité, parce qu'elle est la source de la plupart des maux « auxquels elle l'expose (1). »

C'est surtout « l'ignorance qui est la première et la prin- « cipale source de la plupart de nos maux (2) ». Elle a fait naître dans l'homme cette vanité si ridicule de se considérer comme le centre de tout ce qui existe, qui a produit en lui l'anthropocentrisme, cette folie de sa grandeur et de son incomparabilité.

Si l'on pouvait arriver à guérir l'humanité de cette folie, on aurait déjà gagné beaucoup. Lamarck est de notre avis, car il dit :

« Si l'homme pouvait cesser d'être influencé par les pro- « duits de son intérêt personnel, par son penchant à la do- « mination en tout genre, par sa vanité, par son goût pour « les idées qui le flattent et qui lui donnent toujours de la « répugnance à en examiner le fondement, son jugement en « toutes choses gagnerait infiniment en rectitude, et alors « la nature lui serait mieux connue (3). »

Et puisque c'est principalement dans l'ignorance que résident les maux de la vie, on peut espérer que cette meilleure connaissance de la nature, qui est « pour l'homme la

(1) « Philosophie zoologique », 2e vol., p. 316.
(2) « Système analytique », p. 93.
(3) « Animaux sans vertèbres », Introduction, p. 218.

« plus utile des connaissances (1) », le conduira peu à peu vers cet idéal que Lamarck s'est fait de l'homme sage. C'est cet homme sage qui seul, possède la vraie philosophie qui le porte:

1° A l'amour de la vérité en toute chose, et à l'acquisition de nouvelles connaissances positives et de tout genre, afin de rectifier de plus en plus ses jugements ;

2° A fuir partout et en tout les extrêmes ;

3° A la modération dans ses désirs et à une sage retenue dans ses besoins non essentiels;

4° A la mesure dans toutes ses actions et à l'éloignement pour toute affectation quelconque;

5° A la conservation des convenances partout;

6° A l'indulgence, la tolérance, l'humanité et la bonté envers les autres;

7° A l'amour du bien public et de tout ce qui est utile à ses semblables;

8° Au mépris de la mollesse et à une espèce de dureté envers lui-même, qui le soustrait à cette multitude de besoins factices qui asservissent ceux qui s'y livrent;

9° A la résignation, et, s'il est possible, à l'impassibilité morale dans les souffrances, les revers, les injustices, les oppressions, les pertes, etc.:

10° Au respect pour l'ordre, les institutions publiques, les autorités, les lois, la morale, en un mot, la religion (2).

Eh bien, il me semble qu'aucun moniste n'hésiterait un seul instant à accepter la plupart de ces dix points. Çà et là, nous aurions peut-être de petites restrictions à faire, surtout en ce qui concerne le neuvième point, qui me paraît porter un caractère un peu trop stoïcien. Je crois plutôt qu'un vrai moniste préfèrerait peut-être le néant à une telle vie pleine de souffrances et de maux de toute sorte.

Quant au dixième point, j'y reviendrai dans le chapitre suivant.

Enfin, la conception de Lamarck du bien et du mal, correspond tout à fait à notre propre conception moniste. Il dit :

(2) « Système analytique », p. 95.
(1) « Animaux sans vertèbres », Introduction, p. 291.

« Dans les relations qui existent, soit entre les individus, « soit entre les diverses sociétés que forment ces individus, « soit encore entre les peuples et leurs gouvernements, la con- « concordance entre les intérêts réciproques est le principe « du bien, comme la discordance entre ces mêmes intérêts « est celui du mal (1). »

Ce principe de Lamarck est, au fond, le même que notre principe moniste: ce que tu veux qu'autrui te fasse, fais-le lui aussi, et si Lamarck dit un peu plus loin :

« Relativement aux affections de l'homme social, outre cel- « les que lui donne la nature pour sa famille, pour les ob- « jets qui l'ont entouré ou qui ont eu des rapports avec « lui dans sa jeunesse, et quelles que soient celles qu'il ait « pour tout autre objet, ces affections ne doivent jamais être « en opposition avec l'intérêt public, en un mot, avec celui « de la nation dont il fait partie (2) », il n'est pas très loin de cet autre principe moniste: si la nécessité l'exige, sache subordonner ton propre intérêt à celui de l'humanité.

Somme toute: cette éthique de Lamarck me paraît toucher de très près à notre propre éthique moniste.

En résumé: les conceptions de Lamarck à l'égard de l'homme, à part une seule restriction que j'aurai à faire dans le chapitre suivant, se rencontrent partout avec nos propres idées monistes. C'est le cas pour son hypothèse de l'origine simienne de l'homme ainsi que pour sa conception de l'origine de la parole articulée et de l'évolution des langues. En outre, toutes ses idées en « psychologie », portent le caractère du plus pur mécanisme. Ici, comme ailleurs, il ne perd jamais de vue son principe d'accoutumance, et c'est pour cela qu'il attribue une très haute importance à l'éducation, non pas à cette éducation surannée, qui se base principalement sur le principe d'autorité, mais à cette autre éducation, dont la tâche principale consiste dans un développement systématique de l'intelligence, en faisant naître dans l'enfant, l'amour de la vérité.

(1) « Système analytique », p. 84..
(2) « Système analytique », p. 85.

CHAPITRE VII

Dernières Conséquences

Ce dernier chapitre a pour but principal de démontrer les idées de Lamarck à l'égard des trois points importants, c'est-à-dire : L'existence de dieu, l'immortalité de l'âme et le libre arbitre, points absolument niés par la philosophie moniste.

Nier l'existence de dieu, cela ne veut cependant pas dire être sans religion, car nous monistes, nous prenons ce mot dans un sens plus vaste que les croyants. Notre ardent désir de savoir, notre besoin insatiable de comprendre, voilà notre religion.

On sait que ce terme religion est un de ceux qui subissent des motifications incessantes.

C'est chez Quatrefages (L'espèce humaine) que j'ai trouvé la religion à l'état fossile. Il dit : « Croire à des êtres supérieurs à l'homme pouvant influer en bien ou en mal sur sa destinée ; admettre que pour l'homme l'existence ne se borne pas à la vie actuelle, mais qu'il lui reste un avenir au delà de la tombe : Tout peuple, tout homme croyant à ces deux choses, est religieux, et l'observation démontre chaque jour de plus en plus l'universalité de ce caractère. »

Si l'on compare cette définition à celle de Lamarck, déjà citée au chapitre précédent, religion : « Le respect pour l'or« dre, les institutions publiques, les autorités, les lois, la « morale (1) », nous sentons combien Lamarck est près de nous, tandis que Quatrefages semble être séparé de nous par une distance immense.

Religion dans ce beau sens lamarckien, aucun moniste n'hésitera à la déclarer tout à fait compatible avec ses conceptions de la vie sociale.

(1) « Animaux sans vertèbres », Introduction, page 291.

Jusqu'ici nous sommes donc absolument d'accord avec Lamarck, mais, à notre grand regret, c'est ici que se séparent nos chemins, car Lamarck, malgré sa belle définition du concept religion, est, en pratique, plutôt religieux au sens quatrefagien du mot.

Il me reste à prouver cette assertion, ce qui ne me sera pas trop difficile, car « l'être supérieur » de Quatrefages surgit partout dans l'œuvre de Lamarck sous le nom de « l'Auteur suprême », ou « Auteur de toutes choses », avec la seule différence que le dieu quatrefagien se perd dans tous ces petits détails de la vie humaine, tandis que l'Auteur sublime de Lamarck envisage l'humanité d'un point de vue plus élevé. Quant au deuxième point de la définition de Quatrefages, j'aurai à m'en occuper un peu plus loin.

Cette croyance de Lamarck à l'existence d'un dieu comme première cause de tout ce qui existe me semblait d'abord tellement incompatible avec toutes ses autres conceptions, que je croyais à une simple concession, faite à son temps à la manière de Buffon et de tant d'autres. Je me disais : Sans doute, Lamarck, qui avait déjà assez d'adversaires a cause de ses autres conceptions, ne voulait pas, par la confession de son athéisme, augmenter encore le nombre de ceux qui ne faisaient que chercher des raisons de l'attaquer à nouveau.

Mais plus j'étudiais l'œuvre de Lamarck, plus je me persuadais que cette croyance en dieu présente trop les traits d'une véritable conviction religieuse pour être considérée comme une simple forme, adoptée pour des raisons purement pratiques, et bien qu'en général je ne partage pas la manière de Quatrefages d'envisager les choses, ce qui cependant concerne son jugement de la religiosité de Lamarck, je suis de son avis que « Lamarck était un déiste convaincu et fervent ».

On sait d'ailleurs que Lamarck n'est pas le seul cas — je ne citerai que Pasteur — d'un homme, savant et profond penseur qui ait conservé de l'héritage de ses ancêtres la croyance religieuse. Peut-être, si l'on connaissait mieux la vie de Lamarck, et surtout si l'on était mieux informé sur les influences, exercées sur lui pendant sa jeunesse, pourrions-nous mieux comprendre la grande « résistance vitale » de sa croyance en dieu. Peut-être, s'il avait vécu sous des conditions d'existence plus favorables, par exemple, sous des conditions pareilles à celles qui avaient porté Gœthe vers sa conception purement unitaire de l'univers, se serait-il débarrassé de ces derniers restes d'idées dualistes que montre encore sa philosophie.

La conception de Lamarck d'un « Auteur de toutes choses » est étroitement liée à celle qu'il s'est formée de la nature. Si je dis « étroitement liée » cela ne veut cependant pas dire qu'on ne peut pas les séparer. Je citerai, au contraire, tout à l'heure un passage, où Lamarck les sépare complètement, en parlant de la possibilité d'un anéantissement total de toute la nature. Sa conception de dieu et de la nature n'a donc rien de panthéiste.

Il dit à cet égard :

« Chose étrange ! l'on a confondu la montre avec l'hor« loger, l'ouvrage avec son auteur. Assurément, cette idée « est inconséquente et ne fut jamais approfondie. La puis« sance qui a créé la nature, n'a, sans doute, point de bor« nes, ne saurait être restreinte ou assujettie dans sa volonté « et est indépendante de toute loi. Elle seule peut changer « la nature et ses lois ; elle seule peut même les anéantir ; et « quoique nous n'ayons pas une connaissance positive de ce « grand objet, l'idée que nous nous sommes formée de cette « puissance sans bornes, est au moins la plus convenable de « celles que l'homme ait dû se faire de la Divinité lorsqu'il a « su s'élever par la pensée jusqu'à elle (1). »

Il me semble que ce passage à lui seul peut suffire pour démontrer que « cette puissance sans bornes qui peut même anéantir la nature et ses lois » a une grande ressemblance avec le dieu tout-puissant, extramondain et anthropomorphe des chrétiens, quoique montrant la puissance humaine à un fort grossissement.

(1) « Animaux sans vertèbres », Introduction, page 322.

Quant à la conception que Lamarck s'est formée de la nature, elle me semble assez vague. Ses limites sont flottantes, et si l'on compare les passages, qui traitent ce sujet, dans la « Philosophie zoologique » avec ceux des « Animaux sans vertèbres », on ne peut même pas s'empêcher de constater une contradiction.

Et ce qui est le plus remarquable et le plus regrettable, c'est qu'on s'aperçoit d'une certaine régression, car dans la « Philosophie zoologique » il définit ce concept nature d'une manière qui est compatible avec notre conception actuelle de la nature, tandis que dans les « Animaux sans vertèbres » il fait une différence absolue entre la nature et la matière.

Dans le premier ouvrage, il dit :

« La nature, ce mot si souvent prononcé, comme s'il s'agis-
« sait d'un être particulier, ne doit être à nos yeux que l'en-
« semble d'objets qui comprend :

« 1° Tous les corps physiques qui existent ;

« 2° Les lois générales et particulières qui régissent les
« changements d'état et de situation que ces corps peuvent
« éprouver ;

« 3° Enfin, le mouvement diversement répandu parmi eux,
« perpétuellement entretenu ou renaissant dans sa source, in-
« finiment varié dans ses produits et d'où résulte l'ordre ad-
« mirable de choses que cet ensemble nous présente (1). »

Il me semble que cette conception de la nature correspond à peu près à celle que nous nous formons d'elle encore aujourd'hui.

Il n'en est pas de même, quand dans les « Animaux sans vertèbres » il tire une ligne de démarcation tranchée entre l'univers qui est « l'ensemble immutable, inactif et sans puis-
« sance propre de toutes les matières et de tous les corps
« qui existent (2) » et la nature, qui est au contraire « une
« véritable puissance, assujettie dans ses actes, inaltérable
« dans son essence, constamment agissante sur toutes les par-
« ties de l'univers, et qui se compose d'une source inépui-
« sable de mouvements, de lois, qui les régissent, de moyens

(1) « Philosophie zoologique », 1er vol., p. 349.
(2) « Animaux sans vertèbres », Introduction, page 333.

« essentiels à la possibilité de leurs actions, en un mot, d'ob-
« jets étrangers aux propriétés de la matière, objets, néan-
« moins, que nous pouvons déterminer par l'observation.
« Elle constitue un ordre de choses particulier et constant qui
« met toutes les parties de l'univers dans l'état où elles sont
« à chaque instant, qui donne lieu à tous les faits que nous
« observons, et à bien d'autres que nous ne sommes point à
« portée de connaître (1) ».

Il exclut donc maintenant du concept nature le vaste domaine des corps physiques, ce qui ressort avec plus d'évidence encore d'un autre passage :

« La nature se compose :

« 1° Du mouvement que nous ne connaissons que comme
« la modification d'un corps qui change de lieu, qui n'est
« essentiel à aucune matière, à aucun corps, et qui est ce-
« pendant inépuisable dans sa source et se trouve répandu
« dans toutes les parties du corps ;

« 2° De lois de tous les ordres, qui, constantes et immu-
« tables, régissent tous les mouvements, tous les change-
« ments que subissent les corps et qui mettent dans l'uni-
« vers, toujours changeant dans ses parties et cependant
« toujours le même dans son ensemble, un ordre et une har-
« monie inaltérables (2). »

Eh bien, distinction aussi nette que possible entre la nature et l'univers, entre le mouvement et la matière.

Lamarck est donc assez loin de notre conception moniste, qui considère le mouvement, l'énergie, comme un attribut essentiel à toute la matière. Mais que faut-il penser, que faut-il dire quand on lit dans le même ouvrage :

« Les animaux, ainsi que les végétaux, les minéraux et
« tous les corps quelconques, sont des productions de la
« nature (3). »

On ne peut que constater encore une fois que la conception de Lamarck à l'égard de la nature est une des plus flottantes, une des plus vagues que renferme sa philosophie.

(1) « Animaux sans vertèbres », Introduction, page 333.
(2) « Animaux sans vertèbres », Introduction, page 319.
(3) « Animaux sans vertèbres », Introduction, page 167.

Sur les relations entre cette nature et l' « Auteur de toutes choses », nous renseigne le mieux le passage suivant :

« Le pouvoir général qui embrasse dans son domaine tous « les objets que nous pouvons apercevoir et même que ceux « qui sont hors de la portée de nos observations et qui a « donné immédiatement l'existence aux végétaux, aux ani- « maux, ainsi qu'aux autres corps, est véritablement un pou- « voir limité et en quelque sorte aveugle, un pouvoir qui « n'a ni intention, ni but, ni volonté ; un pouvoir qui, quel- « que grand qu'il soit, ne saurait faire autre chose que ce « qu'il fait ; en un mot un pouvoir ,qui n'existe lui-même « que par la volonté d'une puissance supérieure et sans bor- « nes, qui, l'ayant institué, est réellement l'auteur de tout ce « qui en provient, enfin, de tout ce qui existe (1). »

Ce n'est donc pas ce pouvoir aveugle, cette puissance particulière « qui n'agit que par nécessité (2) » qui doit être l'objet de notre admiration, c'est son auteur qu'il faut admirer.

Lamarck dit donc :

« On a dit, avec raison, au moins à l'égard des sciences, « que l'admiration était fille de l'ignorance : or, c'est bien « ici le cas d'appliquer cette vérité sentie ; car si quelque « chose était en soi réellement admirable ce serait assuré- « ment la nature ; ce serait tout ce qu'elle est ; ce serait tout « ce qu'elle peut faire : mais lorsqu'on reconnaît qu'elle- « même n'est qu'un ordre de choses, qui n'a pu se donner « l'existence, en un mot, qu'un véritable instrument, toute « notre admiration et toute notre vénération doivent se re- « porter sur son Sublime Auteur (3). »

Dans la nature se révèle donc à l'homme la puissance de dieu car « mieux que par toute autre voie, l'étude de la « nature lui fait connaître la puissance infinie de cet Etre « suprême de qui tout provient (4) ». Et la conclusion de tous les raisonnements de Lamarck ? Dieu et la nature, deux

(1) « Animaux sans vertèbres », page 311.
(2) « Animaux sans vertèbres », Introduction, page 323.
(3) « Animaux sans vertèbres », Introduction, page 214.
(4) « Système analytique », page 357.

choses tout à fait différentes. La nature n'est rien par elle-même ; elle n'est qu'un instrument, fabriqué par dieu et dont dieu se sert à l'exécution de sa volonté ; elle n'est qu' « un intermédiaire entre Dieu et les parties de l'univers phy-
« sique (1). »

Mais si pour Lamarck la nature n'est qu'un instrument, qu'un intermédiaire entre dieu et l'univers, pour nous monistes elle est tout ; elle est la matière-énergie, elle est la substance universelle.

J'espère qu'on s'est convaincu par les passages cités jusqu'ici que les conceptions de Lamarck sur dieu et la nature, ne diffèrent presque en rien de celles de tout autre croyant, et au cas que ces citations aient laissé encore le moindre doute sur ce dualisme de Lamarck, le passage suivant me semble fait pour dissiper le dernier petit nuage d'incertitude. Lamarck dit :

« Sans doute rien n'existe que par la volonté du sublime
« Auteur de toutes choses. Mais pouvons-nous lui assigner
« des règles dans l'exécution de sa volonté et fixer le mode
« qu'il a suivi à cet égard ? Sa puissance infinie n'a-t-elle pu
« créer un ordre de choses qui donnât successivement l'exis-
« tence à tout ce que nous voyons comme à tout ce qui existe
« et que nous ne connaissons pas ?

« Assurément, quelle qu'ait été sa volonté, l'immensité de
« sa puissance est toujours la même, et de quelque manière
« que se soit exécutée cette volonté suprême, rien n'en peut
« diminuer la grandeur.

« Respectant donc les décrets de cette sagesse infinie,
« je me renferme dans les bornes d'un simple observateur
« de la nature. Alors, si je parviens à démêler quelque chose
« dans la marche qu'elle a suivie pour opérer ses produc-
« tions, je dirai, sans crainte de me tromper, qu'il a plu à
« son Auteur qu'elle ait cette faculté et cette puissnace (2). »

Cette expression « il a plu à son Auteur », qui revient d'ail-

(1) « Animaux sans vertèbres », Introduction, page 331.
(2) « Philosophie zoologique », Ier volume, page 74.

leurs à plusieurs reprises, comme par exemple dans le passage suivant : « Certes le sublime Auteur de toutes choses « a pu faire comme il lui a plu (1) », me semble propre à ne laisser aucun doute sur le caractère anthropomorphe de ce « sublime Auteur » de Lamarck.

Lamarck dit « sans crainte de me tromper ». Qu'on voudrait lui souhaiter un peu de « cette crainte salutaire de nous tromper » de nos jours, qui nous met toujours en garde de conclure avec trop de certitude, qui fait que nous nous défions même de nos observations mille fois répétées, cette crainte salutaire de se tromper, qui nous empêche surtout d'attribuer trop de valeur à nos interprétations des phénomènes. Malheureusement, chez Lamarck, cette crainte salutaire est restée à l'état rudimentaire, et c'est peut-être là qu'il faut chercher la cause principale qui fait que, à côté de tant de vérités et d'idées ingénieuses, il se trouve dans son œuvre d'anciennes idées erronées dont l'existence chez un homme comme Lamarck a pour nous quelque chose de tellement incroyable, qu'agités par notre « crainte salutaire de nous tromper », nous nous méfions d'abord de ce que nous disent nos yeux, et lorsque nous avons lu encore et encore une fois, et que cette existence se révèle à nous avec trop d'évidence, nous préférons même avoir recours à des interprétations plus ou moins hardies, afin de trouver de ces anciennes erreurs dualistes chez Lamarck une explication qui nous choque moins que la simple constatation du fait.

C'est ce que j'ai fait, c'est ce que tant d'autres ont fait avant moi, mais me méfiant de mes interprétations, je me suis efforcée de juger ces idées dualistes de Lamarck aussi objectivement que possible, et le résultat de mes réflexions est la conviction que Lamarck était croyant convaincu, comme l'étaient d'autres philosophes, naturalistes et savants de toute sorte, comme l'était Pasteur, dont la croyance n'a sûrement pas moins d'invraisemblance pour nous que celle de Lamarck.

Des conceptions de Lamarck à l'égard des relations entre

(1) « Système analytique », page 23.

dieu et la nature, il résulte nécessairement qu'il attribue à la nature un commencement et qu'il envisage la possibilité de sa fin, de son anéantissement total.

Quant au commencement de la nature, il dit :

« Regarder la nature comme éternelle et conséquemment « comme ayant existé de tout temps, c'est pour moi une « idée abstraite, sans base, sans limite, sans vraisemblance, « et dont ma raison ne saurait se contenter. Ne pouvant rien « savoir de positif à cet égard et n'ayant aucun moyen de « raisonner sur ce sujet, j'aime mieux penser que la nature « entière n'est qu'un effet : dès lors je suppose et me plais à « admettre une cause première, en un mot, une puissance « suprême, qui a donné l'existence à la nature et qui l'a faite « en totalité ce qu'elle est (1). »

Je ne me dissimule pas que ce langage « je suppose et je me plais à admettre » diffère beaucoup de celui des autres passages cités, mais ce passage au langage prudent et tâtonnant est isolé, tandis que les autres, où Lamarck se prononce avec beaucoup de décision, sont multiples. Que Lamarck considère comme possible un anéantissement de la nature, ceci ressort du passage déjà cité plus haut, où il dit expressément que la puissance sans bornes « peut seule « changer la nature et ses lois ; qu'elle seule peut même les « anéantir (2) ».

De là jusqu'à la croyance biblique que dieu puisse commander au soleil de s'arrêter dans la vallée de Josaphat, il me semble que la distance n'est pas très grande.

Dans un passage des « Animaux sans vertèbres » — nous avons vu un peu plus haut que dans cet ouvrage, il fait une distinction très nette entre la nature : mouvements-lois et l'univers : matière — Lamarck déclare même que l'univers tout entier n'a qu'une solidité relative, et il prononce sa conviction que l'univers physique ne subsistera tel qu'il est que « tant que la volonté de son Sublime Auteur le permet- « tra (3) ».

(1) « Philosophie zoologique », Ier volume, page 350.
(2) « Animaux sans vertèbres », Introduction, page 322.
(3) « Animaux sans vertèbres », Introduction, page 316.

Et dans son « Système analytique » il émet l'opinion que « la matière subsistera donc tant que son créateur voudra « le permettre (1) ».

De la conception de Lamarck que la nature n'agit que par nécessité, qu'elle n'est qu'un instrument, il résulte qu'elle n'a pas, qu'elle ne peut pas avoir de but à atteindre.

Il dit à cet égard :

« C'est donc une véritable erreur que d'attribuer à la na-« ture un but, une intention quelconque dans ses opéra-« tions, et cette erreur est des plus communes parmi les « naturalistes. Je remarquerai seulement que, si les résul-« tats de ses actes paraissent présenter des fins prévues, c'est « parce que, dirigée partout par des lois constantes, primi-« tivement combinées pour le but que s'est proposé son Su-« prême Auteur, la diversité des circonstances que les choses « existantes lui offrent sous tous les rapports, amène des pro-« duits toujours en harmonie avec les lois qui régissent tous « les genres de changement qu'elle opère ; c'est aussi, parce « que ses lois des derniers ordres sont dépendantes et régies « elles-mêmes par celles de premier ou des supérieurs.

« C'est surtout dans les corps vivants, et principalement « dans les animaux,qu'on a cru apercevoir un but aux opéra-« tions de la nature. Ce but cependant n'y est là, comme ail-« leurs, qu'une simple apparence, et non une réalité. En ef-« fet, dans chaque organisation particulière de ces corps, un « ordre de choses, préparé par les causes qui l'ont graduelle-« ment établi, n'a fait qu'amener par des développements « progressifs de parties, régis par les circonstances, ce qui « nous paraît être un but et ce qui n'est réellement qu'une né-« cessité. Les climats, les situations, les milieux habités, les « moyens de vivre et de pourvoir à sa conservation, en un « mot, les circonstances particulières, dans lesquelles chaque « race s'est rencontrée, ont amené les habitudes de cette race, « celles-ci y ont plié et approprié les organes des individus; « et il en est résulté que l'harmonie que nous remarquons

(1)« Système analytique », page 15.

« partout entre l'organisation et les habitudes des animaux « nous paraît une fin prévue ; tandis quéelles n'est qu'une fin « nécessairement amenée (1). »

Lamarck s'oppose donc assez énergiquement à l'opinion de ceux qui admettent des causes finales.

« L'Auteur suprême » de Lamarck capable d'anéantir les lois de la nature et de renverser tout l'univers, peut, en effet, paraître une puissance sans bornes : mais si l'on se demande : Cette puissance qui a fait tout exister, qu'est-ce qu'elle fait donc actuellement ? on est fort embarrassé de répondre, et si l'on voit de plus près, on s'aperçoit que ce dieu n'a rien, mais absolument rien à faire. A cela on pourrait m'objecter : Mais ce n'est pas nécessaire qu'un dieu ait quelque chose à faire. Cependant vu le fait que l'Auteur suprême de Lamarck est un dieu anthropomorphe, qui se « plaît » comme nous à faire telle ou telle chose, il me semble qu'une telle existence inactive doit l'ennuyer beaucoup. Il me paraît ressembler à l'auteur d'une pièce de théâtre, qui assiste à la représentation de sa pièce comme simple spectateur, tandis que c'est le régisseur qui a tous les fils dans les mains. Dieu assiste donc à sa pièce, intitulée « L'évolution », mais c'est son régisseur-nature qui est le véritable agent de la représentation. Pour le moment — ce moment embrasse des milliers de siècles — tout marche bien sur cette scène immense, qui s'appelle l'univers. L'auteur est content de la représentation, mais cela n'empêche pas que, si quelque chose ne lui « plaît » plus, il ne soit incapable de renverser toute cette belle décoration de fond en comble.

Après tout, j'espère qu'on s'est convaincu par les passages cités que l'Auteur suprême de Lamarck porte incontestablement, quoique non pas au même haut degré que le dieu chrétien, des traits humains, que ce dieu n'a rien de panthéiste-

(1) « Animaux sans vertèbres », Introduction, page 323, etc.

moniste ; mais que c'est au contraire un vrai dieu extramondain dualiste.

Outre l'existence de dieu, la philosophie moniste nie l'immortalité de l'âme, ce dogme si cher aux croyants ; et ici elle se trouve d'accord avec la plupart des grands esprits de tous les siècles, depuis Lucrèce qui dans son « *De rerum naturae* », livre III, dit : « L'âme naît, l'esprit naît ; donc l'âme et l'esprit meurent », jusqu'aux philosophes de nos temps.

Laissant à part tout ce que la réalisation de cette croyance aurait d'invraisemblable, comment comprendre à l'état actuel de nos connaissances à l'égard du système nerveux en général et du cerveau, l'organe de l'âme, en particulier, qu'après la destruction de son organe, l'âme, qui n'est que l'ensemble des mouvements moléculaires qui s'opèrent dans cet organe, ne se perde pas ?

On pourrait se demander : Pourquoi tant d'hommes attachent-ils à ce dogme d'une âme immatérielle et impérissable, une telle importance ? La réponse, ce me semble, n'est pas trop dfficile à trouver. L'homme s'aime, ce qui est tout naturel ; il ne veut et il ne peut pas comprendre que le monde puisse exister sans lui, et puisqu'il ne peut pas nier que son corps est périssable, il veut au moins sauver l'existence de son cher moi, en attribuant à son âme une vie éternelle.

C'est par suite d'une pareille considération, que Lamarck démontre les relations qui existent entre la répugnance de l'homme pour sa destruction et sa croyance à une vie dans l'au-delà. On sait que ce sont surtout les faibles d'esprit qui ont besoin de cette auto-suggestion, et quant aux hommes qui, malgré qu'ils aient prouvé pendant toute une vie que leur forte intelligence n'avait pas besoin de cette illusion, ont, vers la fin de leur vie, eu recours à ce salut des faibles, cela ne prouve que la décrépitude de leurs facultés intellectuelles, mais cela n'est pas du tout une preuve pour la vérité de ce dogme platonicien-chrétien.

Quant à Lamarck, il est presque impossible de démêler sa

vraie opinion à ce sujet, et ce qui augmente les difficultés, c'est qu'il ne donne nulle part une définition de l'âme, de sorte qu'on ne peut pas savoir s'il n'attribuait pas à ce mot un autre sens que nous monistes, nous lui attribuons aujourd'hui. Une question se pose ici presque malgré nous : Pourquoi Lamarck, qui aimait tant les définitions, évite-t-il évidemment de définir l'âme ? Et d'ailleurs, il n'évite pas seulement de la définir, il évite même de se servir de cette expression, fait bien remarquable, si l'on se rend compte de la place considérable qu'occupe la « psychologie » dans son œuvre. C'est un autre fait peut-être encore plus remarquable que dans les passages, où il se sert de ce mot, il le fait toujours ou au moins presque toujours en connexion étroite avec l'expression l'immortalité. Serait-ce donc possible que le terme « âme » ne signifiât pas pour lui ce qu'il signifie pour nous, c'est-à-dire l'ensemble des mouvements cérébraux, mais que l'âme fût pour lui quelque chose de purement imaginaire comme le « souffle divin » que tant d'autres avant et après lui ont vu dans l'âme ?
Quant à moi, je suis très disposée à l'admettre, car, après tout ce que Lamarck dit des facultés intellectuelles de l'homme, qu'il considère comme des phénomènes cérébraux purement mécaniques, il me semble impossible que, si pour Lamarck l'âme signifiait en effet l'ensemble de ces phénomènes, il n'eût pas été amené à la conclusion que l'âme est aussi périssable que l'organe qui la produit.

Comme je l'ai déjà dit, cette question me semble assez difficile à résoudre, et j'avoue que je ne suis pas venue au bout de ce problème. Mais, quoiqu'il en soit, et quelle signification ce terme « âme » puisse avoir eu pour Lamarck, d'après les rares passages qui effleurent cette question, il faut tout de même conclure qu'il a attribué à l'homme une âme immortelle.

Certes, je ne dirai pas que la croyance en l'immortalité de l'âme était une ferme conviction chez Lamarck, car si l'on est convaincu de quelque chose, on a le besoin d'en parler, et ce besoin manque totalement à Lamarck à l'égard de la théorie animiste, car dans toute son œuvre trois ou quatre passages seulement, qui, en outre, ne font qu'effleurer la question, ce n'est certes pas grand'chose. Aussi ces passages rendent-ils la pensée de Lamarck d'une manière très vague. Quelquefois, en lisant un de ces passages, on a même le sentiment, de lire entre les lignes des idées antagonistes.

Il dit par exemple :

« Laissant à l'écart ce que l'homme peut tenir d'une source supérieure (1). »

Il me semble que ce « peut » est assez significatif.

Dans un autre passage, déjà cité, après avoir parlé de ce que c'est que la vie, il continue :

« Ce genre de considération est absolument étranger à mon « sujet, parce que l'âme immortelle de l'homme et l'âme pé- « rissable des bêtes ne peuvent m'être connues physique- « ment (2). »

J'ai déjà dit ailleurs ce que je pense de ce passage dualiste au dernier degré et de cette argumentation qui me paraît être un simple subterfuge. Un tel passage se trouve dans la « Philosophie zoologique », où il dit :

« Il suffit de penser que l'homme est doué d'une âme im- « mortelle, sans que l'on doive jamais s'occuper du siège « et des limites de cette âme dans son corps individuel, ni « de sa connexion avec les phénomènes de son organisation : « tout ce que l'on pourra dire à cet égard, sera toujours sans « base et purement imaginaire (3). »

L'âme est donc, aux yeux de Lamarck, un sanctuaire, où il ne faut pas même toucher. Ce passage me semble d'ailleurs renfermer une certaine confirmation de ma supposition que Lamarck considère l'âme comme quelque chose de tout à fait différent du corps, comme une espèce de « souffle divin ».

Si cette citation paraît exprimer une affirmation assez forte, on se convaincra par le passage suivant que l'incertitude est plutôt le caractère essentiel de sa conception de l'immortalité de l'âme.

(1) « Animaux sans vertèbres », Introduction, page 262.
(2) « Mémoires de physique et d'histoire naturelle », page 254.
(3) « Philosophie zoologique », 2e vol., p. 171.

Après avoir parlé de la répugnance que l'homme éprouve à la pensée de sa destruction, il ajoute : « Ce sentiment..... « me paraît la source de l'espoir qu'il a conçu d'une autre « existence sans terme, qui doit succéder pour lui à la pre- « mière ; et peut-être une suggestion intime l'avertit-elle que « cet espoir est fondé (1). »

Enfin voici un dernier passage dont je me suis efforcée en vain de saisir la vraie signification. Après avoir parlé de l'intelligence supérieure de l'homme qui peut même « penser Dieu » Lamarck continue :

« Si l'on ajoute à cette vérité la suivante ; savoir : que le « terme de nos connaissances positives n'emporte pas néces- « sairement celui de ce qui peut exister, on aura en elles les « moyens de renverser les faux raisonnements dont l'immor- « talité s'autorise (2). »

Il me semble que Lamarck a attribué à cette idée une certaine importance, car il l'a émise pour la première fois dans les « Animaux sans vertèbres », et elle revient dans le « Système analytique ».

Je l'ai donc lue et relue, j'y ai réfléchi pendant des heures, mais malheureusement sans résultat, et surtout en ce qui concerne la fin de cette phrase je m'y trouve dans une obscurité totale et impénétrable. Espérons qu'un autre, doué de plus de sagacité que moi, en saisisse le sens intime.

Somme toute, il me semble que les autres passages, malgré leur caractère quelquefois apparemment affirmatif, contiennent néanmoins pour quiconque sait lire entre les lignes, l'expression d'une certaine incertitude.

Comme troisième conséquence de sa conception mécanique de l'univers, la philosophie moniste nie le libre arbitre, dogme qui a joué et joue encore aujourd'hui un si grand rôle dans la vie sociale des peuples.

« Peut-être n'est-il pas un objet de la méditation humaine

(1) « Animaux sans vertèbres », Introduction, page 296.

(2) « Animaux sans vertèbres », Introduction, page 328, et « Système analytique », page 58.

« qui ait suscité une plus longue collection d'in-folios jamais « ouverts et destinés à moisir dans la poussière des biblio- « thèques. » (E. du Bois-Reymond.)

En ce qui concerne la conception de Lamarck à l'égard de ce troisième des « postulats de la raison pratique », il n'y a pas de doute sur son opinion. Il nie le libre arbitre, le nie avec beaucoup d'énergie, à ce qu'on pouvait s'attendre chez un philosophe, qui attribue au milieu et à l'hérédité la plus grande influence, philosophe, dont le déterminisme biologique devait forcément le conduire à la négation d'une liberté absolue de notre volonté.

On ne s'étonne donc guère d'entendre Lamarck parler d' « une volonté libre en apparence (1) » et dire que « quoi- « qu'il (l'homme) paraisse beaucoup plus libre qu'eux (les « animaux) il ne l'est effectivement pas (2) ».

Son argumentation, pour prouver l'impossibilité d'un choix absolument libre de l'homme dans ses décisions, est, à mon avis, claire et convaincante. Il dit :

« La volonté, dépendant toujours d'un jugement quelcon- « que, n'est jamais véritablement libre, car le jugement, qui « y donne lieu est, comme le quotient d'une opération arith- « métique, un résultat nécessaire de l'ensemble des éléments « qui l'ont formé (3). »

Donc, puisque nos jugements sont déterminés par tout ce qui a influé sur notre mentalité depuis notre naissance jusqu'au jour où s'opère une de nos volitions, notre choix, notre volonté, notre décision, qui ne sont que les suites de nos jugements, sont également déterminés. Donc, pas de liberté réelle ; ce qui nous paraît comme tel, n'est qu'une apparence, qu'une illusion.

Que divers individus jugent, se décident et agissent en général d'une manière tout à fait différente sous les mêmes circonstances, cela s'explique par la diversité des éléments qui entrent en jeu. On pourrait même prétendre qu'il y a toujours autant de jugements différents qu'il y a d'individus

(1) « Philosophie zoologique », 2e vol., p. 311.
(2) « Philosophie zoologique », 2e vol., p. 313.
(3) « Philosophie zoologique », 2e vol., p. 313.

qui opèrent ces jugements, car, même si quelquefois les différences entre les décisions de plusieurs personnes peuvent paraître à peine appréciables, elles sont cependant non moins réelles.

Lamarck dit à cet égard :

« La diversité de nos jugements est si remarquable qu'il « arrive souvent qu'un objet considéré donne lieu à autant « de jugements particuliers qu'il y a de personnes qui en« treprennent de prononcer à son égard. On a pris cette va« riation pour une liberté dans la détermination, et l'on s'est « trompé ; elle n'est que le résultat des éléments divers qui, « pour chaque personne, entrent dans le jugement exé« cuté (1). »

D'après les passages cités, il me semble qu'on ne saurait guère révoquer en doute que Lamarck a reconnu toute l'inanité de ce vieux dogme du libre arbitre. Il est dommage qu'il n'ait pas approfondi cette idée. Ce terrain lui paraissait peut-être aussi trop dangereux, comme d'ailleurs il le paraît encore aujourd'hui à beaucoup de gens ? A-t-il senti que la négaton du libre arbitre, poursuivie jusqu'à ses dernières conséquences, entraînerait nécessairement une transformation essentielle de notre vie sociale ?

Quoiqu'il en soit, il reste un fait incontestable que Lamarck, fidèle à son déterminisme biologique, a nié le libre arbitre.

Résumons ce chapitre.

Il ne me paraît pas douteux que Lamarck possède la croyance à l'existence de dieu. C'est surtout dans sa distinction mille fois répétée entre la nature et l'univers d'une part et l'Auteur de tout ce qui existe d'autre part, que se montre avec toute évidence le reste dualiste de sa philosophie.

Quant au dogme de l'immortalité de l'âme, les traces dualistes s'effacent un peu, mais sont cependant encore assez reconnaissables. Enfin Lamarck se rencontre avec nos conceptions monistes en niant le libre arbitre.

(1) « Philosophie zoologique », 2e vol., p. 314.

Conclusion.

Et maintenant, après tout ce que j'ai exposé dans ce travail, que faut-il conclure sur le caractère général de la philosophie de Lamarck? Les partisans d'une conception moniste de l'univers ont-ils vraiment le droit de ranger Lamarck à côté d'un Giordano Bruno, d'un Spinoza ?

Je n'hésite aucun instant à donner à cette dernière question, une réponse négative, car il ne m'est pas possible de suivre le procédé de Häckel et d'autres philosophes allemands qui, ne connaissant pas très bien les ouvrages de Lamarck et désireux de faire de Lamarck un moniste pur sang, laissent à côté tout ce qui ne s'entend pas très bien dans ses conceptions avec nos idées monistes.

Mes études sur le grand philosophe français m'ont conduite à reconnaître :

1° Que le noyau de sa philosophie est mécanique-moniste;

2° Que ce mécanisme se montre le plus pur dans ses conceptions en géologie;

3° Que ses idées à l'égard de l'origine de la vie me paraissent contradictoires, car, tout en admettant l'hypothèse éminemment moniste de l'archigonie, il voit un abîme infranchissable entre l'organique et l'inorganique;

4° Qu'en biologie, il se montre dualiste en créant une ligne de démarcation tranchée entre le règne végétal et le règne animal; ,

5° Tandis qu'en ce qui concerne ses idées à l'égard de chacun de ces deux règnes, il est transformiste-moniste;

6° Que, en énonçant l'hypothèse de l'origine simienne de l'espèce humaine et l'idée du caractère purement organique-physique-mécanique des facultés intellectuelles de l'homme, il se montre éminemment moniste;

7° Enfin, qu'en ce qui concerne les trois postulats de la raison pratique de Kant, Lamarck est dualiste, en admettant l'existence d'un dieu extramondain. « Auteur de toutes choses »; il est partisan de la théorie animiste, bien que sa croyance à l'immortalité de l'âme ne me paraisse pas une véritable conviction religieuse, mais une simple supposition; il est moniste par sa négation du libre arbitre.

Le dernier résultat de mes études sur Lamarck est donc le suivant :

Quoique des traces monistes prédominent dans la philosophie de Lamarck, il s'y trouve encore des traces dualistes, dont les principales sont : la conception d'un abîme entre la matière inorganique et la matière vivante, l'idée d'une ligne de démarcation infranchissable entre le végétal et l'animal et la croyance à l'existence de dieu.

Ces traces dualistes n'ont rien d'étonnant pour tous ceux qui savent que les idées sont, elles aussi, soumises aux mêmes lois de l'évolution qui régissent tout, que toutes les anciennes conceptions dualistes, enracinées dans l'intelligence humaine depuis tant de générations, ne se perdent pas tout d'un coup, ni dans l'humanité envisagée dans son ensemble, ni dans les individus qui la composent, mais que ces idées se transforment avec la même lenteur que se modifie une espèce.

C'est pour cela que je suis tout à fait sûre que, même dans l'intelligence de celui qui se croit le moniste le plus pur, il y a encore quelques traces qui, à demi-effacées, laissent cependant encore reconnaître leur empreinte dualiste; c'est pour cela que je suis convaincue que la philosophie moniste aura encore à combattre le dualisme pendant des siècles et que, même après la défaite complète de la philosophie dualiste, ses conceptions subsisteront encore longtemps à côté des idées monistes, comme un organe du corps animal, devenu inutile, ne s'atrophie que peu à peu et ne disparaît complètement qu'après un laps de temps très considérable.

La philosophie de Lamarck avec ses traces dualistes-monistes me semble donc représenter elle-même ce caractère transitoire entre deux formes très différentes, elle me paraît être un chaînon intermédiaire, reliant l'ancien dualisme à notre monisme moderne.

TABLE DES MATIÈRES

Paris. — Typ. A. DAVY, 52, rue Madame. *Téléphone* 704-19.

www.ingramcontent.com/pod-product-compliance
Ingram Content Group UK Ltd.
Pitfield, Milton Keynes, MK11 3LW, UK
UKHW020333230726
13925UKWH00002B/777